Thomas Henry Huxley, Julius Victor Carus

Zeugnisse für die Stellung des Menschen in der Natur

Thomas Henry Huxley, Julius Victor Carus

Zeugnisse für die Stellung des Menschen in der Natur

ISBN/EAN: 9783337198749

Hergestellt in Europa, USA, Kanada, Australien, Japan

Cover: Foto ©berggeist007 / pixelio.de

Weitere Bücher finden Sie auf **www.hansebooks.com**

ZEUGNISSE

FÜR DIE

STELLUNG DES MENSCHEN

IN

DER NATUR.

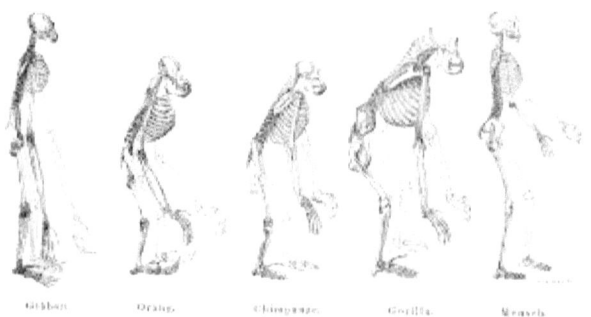

Photographisch nach Abbildungen in natürlicher Grösse reducirt (mit Ausnahme des Gibbonskelets, welches in doppelt natürlicher Grösse war), die Zeichnungen von Mr. Waterhouse Hawkins nach Exemplaren im Royal College of Surgeons.

ZEUGNISSE

FÜR DIE

STELLUNG DES MENSCHEN

IN

DER NATUR.

Drei Abhandlungen:

Über die Naturgeschichte der

menschenähnlichen Affen.
Über die Beziehungen des Menschen zu den nächstniederen Thieren.
Über einige fossile menschliche Überreste.

VON

THOMAS HENRY HUXLEY.

AUS

DEM ENGLISCHEN ÜBERSETZT

VON

J. VICTOR CARUS.

MIT IN DEN TEXT EINGEDRUCKTEN HOLZSTICHEN.

Allein berechtigte deutsche Ausgabe.

BRAUNSCHWEIG,

DRUCK UND VERLAG VON
FRIEDRICH VIEWEG UND SOHN.

1863.

VORWORT DES ÜBERSETZERS.

Es gereicht mir zur grossen Freude, das vorliegende Buch meines vortrefflichen Freundes bei den deutschen Lesern einführen zu können, da es nicht nur eine Frage behandelt, deren wissenschaftlich begründete Beantwortung einen umgestaltenden Einfluss auf die Lebensanschauung jedes Gebildeten ausüben muss, sondern dies auch in einer sehr vorurtheilsfreien, ruhigen Weise thut, welche wohlthätig von der leider nur zu häufig vortretenden Gereiztheit, und, der Verbreitung gesunder Ansichten sehr hinderlichen Einseitigkeit bei Besprechung ähnlicher oder verwandter Fragen absticht.

So wenig es mir anstehen würde, das Werk besonders zu empfehlen, so kann ich doch nicht umhin, ausser auf die äusserst vollständige Mittheilung des Thatbestandes vorzüglich auf die Einleitung zur zweiten Abhandlung aufmerksam zu machen. Es ist wohl selten nicht bloss die Continuität der menschlichen Bestrebungen über gewisse Fragen zur Klarheit zu gelangen, sondern auch die genetische Abhängigkeit der einzelnen Beantwortungsversuche so bündig dargestellt worden, wie hier. Auch sei mir erlaubt darauf aufmerksam zu machen, wie der Verfasser, ein erklärter Anhänger Darwin's, ausdrücklich darauf hinweist, welch' grosse Aufgaben wir in Folge der Darwin'schen Theorie noch zu lösen haben. Es wird damit besonders denen ein wissenschaftlicher Dienst erwiesen, welche zu glauben scheinen, dass sich die Naturforscher nun leichten Kaufs über alle Schwierigkeiten hinwegsetzen zu können meinten. Dass sich der Verfasser in Bezug auf den Inhalt der dritten Abhandlung lediglich an die anatomischen Thatsachen gehalten hat, ohne auf das geologische Detail einzugehen (über welches sich leider neuerdings ein unerquicklicher persönlicher Streit in England erhoben hat), ist durch das gleichzeitige Erscheinen des Buches von Sir Charles Lyell hinreichend gerechtfertigt. Gerade die hier geäusserten Ansichten dürften besonders den Anthropologen und Ethnographen zur Beherzigung zu empfehlen sein.

Leipzig, im Juni 1863.

J. Victor Carus.

INHALTSVERZEICHNISS.

	Seite
I	
Ueber die Naturgeschichte der menschenähnlichen Affen	1
II	
Ueber die Beziehungen des Menschen zu den nächstniederen Thieren	64
III	
Ueber einige fossile menschliche Ueberreste	135

I.

Ueber die Naturgeschichte der menschenähnlichen Affen.

Werden alte Ueberlieferungen an der Hand der strengeren Untersuchungen unserer Zeit geprüft, so erbleichen sie gewöhnlich genug zu blossen Träumen. Es ist indess eigenthümlich, wie oft ein solcher Traum sich als ein halbwacher herausstellt, der etwas real ihm zu Grunde Liegendes voraussagt. Ovid deutete die Entdeckungen der Geologen vorher an; die Atlantis war ein Erzeugniss der Einbildungskraft, aber Columbus entdeckte dann die westliche Welt; und obschon die seltsamen Formen der Centauren und Satyrn nur im Bereiche der Kunst existiren, so kennt man doch jetzt nicht bloss im Allgemeinen, sondern ganz sicher und notorisch Geschöpfe, die dem Menschen in ihrem wesentlichen Bau noch näher stehen als jene, und doch durchaus so thierisch sind, wie die Bock- und Pferdehälfte jener mythischen Zusammensetzungen.

Ich habe keine Notiz über einen der menschenähnlichen Affen von früherem Datum gefunden, als die in Pigafetta's »Beschreibung des Königreichs Congo«[1] enthaltene, welche Beschreibung nach den Bemerkungen eines Portugiesischen Matrosen, Eduardo Lopez, angefertigt und 1598 veröffentlicht wurde. Das zehnte

Kapitel dieses Werkes trägt den Titel: »De Animalibus quae in hac provincia reperiuntur« und enthält eine kurze Stelle des Inhalts, dass es »im Lande Songan, an den Ufern des Zaire, eine grosse Menge Affen giebt, welche durch das Nachahmen menschlicher Gesten den Vornehmen grosses Ergötzen gewähren.« Da man dies fast auf jede Art Affen beziehen könnte, würde ich wenig auf die Stelle gegeben haben, hätten es nicht die Brüder De Bry, deren Stiche das Werk illustriren, für passend erachtet, in ihrem elften »Argumentum« zwei dieser »Simiae magnatum deliciae« abzubilden. Der die Affen enthaltende Theil dieser Tafel ist in dem Holzschnitt, Fig. 1, getreu copirt worden; man wird bemerken, dass die Affen schwanzlos, langarmig und grossohrig, und ungefähr von der Grösse des Chimpanze sind. Es könnte nun sein, dass diese Affen ebenso Gebilde der Einbildungskraft der genialen Brüder seien, wie der geflügelte, zweibeinige, krokodilköpfige Drache, der dieselbe Tafel schmückt; andererseits könnten aber die Künstler ihre Zeichnungen nach irgend einer im Wesentlichen treuen Beschreibung eines Gorilla oder Chimpanze angefertigt haben. Wenn nun auch in beiden Fällen diese Figuren einer kurzen Erwähnung werth waren, so datiren doch die ältesten glaubwürdigen und bestimmten Berichte über irgend ein Thier dieser Art aus dem 17. Jahrhundert. Sie rühren von einem Engländer her.

Fig. 1. Simiae magnatum deliciae. — De Bry, 1598.

Die erste Ausgabe jenes äusserst unterhaltenden alten Buches, »Purchas' Wanderschaft« (Purchas his Pilgrimage), erschien 1613, und hier finden sich viele Hinweise auf die Angaben eines Mannes, den Purchas bezeichnet als »Andreas Battell (mein naher Nachbar, zu Leigh in Essex wohnhaft), welcher unter Manuel Silvera Perera, Gouverneur unter dem Könige von Spanien, in seiner Stadt St. Paul diente und mit ihm weit in das Land Angola hineingieng«; und weiter »mein Freund Andreas Battell, welcher viele Jahre im Königreiche Congo lebte«, und welcher »nach irgend einem Streite zwischen den Portugiesen (unter denen er Sergeant einer Abtheilung war) und ihm selbst acht oder neun Monate in den Wäldern lebte«. Von diesem wettergebräunten alten Soldaten hörte Purchas mit Staunen »von einer Art grosser Affen, wenn man sie so nennen kann, von der Grösse eines Mannes, aber zweimal so dick in der Gestalt ihrer Gliedmaassen, mit verhältnissmässiger Kraft, über den ganzen Körper behaart, im Uebrigen durchaus wie Männer und Weiber in ihrer ganzen körperlichen Gestalt.[2] Sie leben von solchen wilden Früchten, wie sie die Bäume und Wälder darbieten und wohnen zur Nachtzeit auf den Bäumen«.

Dieser Auszug ist indess weniger ausführlich und klar in seinen Angaben als eine Stelle im dritten Kapitel des zweiten Theils eines andern Werkes — »Purchas' Wanderungen« (Purchas his Pilgrimes), 1625 erschienen, von demselben Verfasser —, welches oft schon, aber kaum jemals völlig richtig citirt worden ist. Das Kapitel führt den Titel: »Die wunderbaren Abenteuer des Andreas Battell aus Leigh in Essex, von den Portugiesen als Gefangener nach Angola geschickt, welcher dort und in den angrenzenden Gegenden nahezu achtzehn Jahre lebte.« Der sechste Abschnitt dieses Kapitels ist überschrieben: »Von den Provinzen Bongo, Calongo, Mayombe, Manikesocke, Motimbas: von den Affenungeheuern Pongo, ihrer Jagd: Götzendienereien; und verschiedene andere Beobachtungen.«

»Diese Provinz (Calongo) gränzt nach Osten an Bongo und nach Norden an Mayombe, welches der Küste entlang neunzehn (franz.) Meilen von Longo entfernt ist.

Diese Provinz Mayombe ist ganz Wald und Hain, so überwachsen, dass man zwanzig Tage im Schatten ohne Sonne oder Hitze reisen kann. Hier giebt es keine Art Getreide oder Korn, so dass die Leute nur von Pisang und Wurzeln verschiedener sehr guter Art und von Nüssen leben; auch giebt es weder irgend eine Art zahmen Viehs noch Hühner.

Sie haben aber grosse Mengen von Elephantenfleisch, welches sie hoch schätzen, und viele Arten wilder Thiere; und grosse Mengen von Fischen. Hier ist eine grosse sandige Bucht, zwei Meilen nördlich vom Cap Negro,[3] welche der Hafen von Mayombe ist. Die Portugiesen laden zuweilen Farbholz in dieser Bucht. Hier ist ein grosser Fluss, Banna genannt; im Winter hat er keine Barre, weil die Winde eine hohe See verursachen. Wenn aber die Sonne ihre südliche Declination hat, dann kann ein Boot einfahren; denn dann ist er des Regens wegen glatt. Dieser Fluss ist sehr gross und hat viele Inseln, und Leute, die auf diesen leben. Die Bäume sind so bedeckt mit Pavianen, Meerkatzen und grossen Affen, dass sich wohl Jedermann fürchtet, in den Wäldern allein zu reisen. Hier giebt es auch zwei Arten von Ungeheuern, die in den Wäldern gemein und sehr gefährlich sind.

Das grössere der beiden Ungeheuer wird in ihrer Sprache Pongo genannt, das kleinere heisst Engeco. Dieser Pongo ist in der ganzen Gestalt wie ein Mensch, nur dass er der Grösse nach mehr einem Riesen als einem Manne ähnlich ist; denn er ist sehr gross, hat eines Menschen Antlitz, hohläugig, mit langen Haaren in den Augenbrauen. Sein Gesicht und seine Ohren sind ohne Haare, ebenso seine Hände. Sein Körper ist voller Haare, aber nicht sehr dicht; das Haar ist von schwarzbrauner Farbe.

Er ist vom Menschen nur in seinen Beinen verschieden, denn er hat keine Waden. Er geht immer auf seinen Beinen und hält die Hände im Genick übereinandergeschlagen, wenn er auf der Erde geht. Sie schlafen auf den Bäumen und bauen sich Schutzdächer gegen den Regen. Sie nähren sich von Früchten, die sie in den Wäldern finden, und von Nüssen; denn sie essen keine Art von Fleisch. Sie können nicht sprechen und haben nicht mehr Verstand als ein Thier. Wenn die Leute im Lande in den Wäldern arbeiten, so zünden sie Feuer an, wo sie in der Nacht schlafen; und wenn sie Morgens fortgegangen sind, kommen die Pongos und setzen sich um das Feuer, bis es ausgegangen ist; denn sie verstehen nicht, Holz zusammenzulegen. Es gehen ihrer immer viele zusammen und tödten viele Neger, die in den Wäldern arbeiten. Oftmals fallen sie über die Elephanten her, die zum Fressen dahin kommen, wo sie sind, und schlagen sie so mit ihren geballten Fäusten und Holzstücken, dass jene brüllend ausreissen. Diese Pongos werden niemals lebendig gefangen, weil sie so stark sind, dass zehn Männer nicht einen halten können; sie fangen aber viele von ihren Jungen mit vergifteten Pfeilen.

Der junge Pongo hängt am Bauche seiner Mutter mit seinen Händen fest um sie herumgeschlagen, so dass die Eingebornen, wenn sie eins von den Weibchen tödten, das Junge fangen, welches fest an seiner Mutter hängt.

Wenn einer unter ihnen stirbt, so bedecken sie den Todten mit grossen Haufen von Zweigen und Holz, wie es gewöhnlich im Walde gefunden wird.«[4]

Es scheint nicht schwer zu sein, die Gegend genau zu bestimmen, von welcher Battell spricht. Longo ist ohne Zweifel der Name des auf unsern Karten gewöhnlich Loango geschriebenen Platzes. Mayombe liegt noch ungefähr neunzehn Lieues nördlich von Loango, der Küste entlang; und Cilongo oder Kilonga, Manikesocke und Motimbas werden noch von den Geographen verzeichnet. Das Cap Negro Battell's aber kann nicht das heutige Cap Negro in 16° südlicher Breite sein, da Loango selbst unter 4° südlicher Breite liegt. Andererseits entspricht der »grosse Fluss genannt Banna« sehr gut dem »Camma« und »Fernand Vas« der neueren Geographen, die an diesem Theile der Afrikanischen Küste ein grosses Delta bilden.

Dies »Camma«-Land nun liegt ungefähr anderthalb Grad südlich vom Aequator, während wenige Meilen nördlich von der Linie der Gaboon und einen Grad oder ungefähr so nördlich von diesem der Money River liegt — beide neueren Naturforschern sehr wohl als Oertlichkeiten bekannt, wo die grössten menschenähnlichen Affen gefunden worden sind. Uebrigens wird noch heutzutage das Wort Engeco oder N'schego von den Eingebornen dieser Gegenden zur Bezeichnung des kleineren der zwei grossen Affen, die dort leben, gebraucht. Es kann daher kaum ein vernünftiger Zweifel darüber aufkommen, dass Andreas Battell das berichtet, was er aus eigner Anschauung kannte, oder jedenfalls wenigstens was er aus unmittelbaren Berichten der Eingebornen des westlichen Afrika erfahren hatte. Der »Engeco« indess ist jenes »andere Ungeheuer«, dessen Natur Battell »zu schildern vergass«, während der Name »Pongo« — der für das Thier gebraucht wurde, dessen Charaktere und Gewohnheiten so umständlich und sorgfältig beschrieben werden — ausgestorben zu sein scheint, wenigstens in seiner ursprünglichen Form und Bedeutung. Es giebt in der That Beweise dafür, dass er nicht bloss in Battell's Zeit, sondern noch bis zu einem viel neueren Datum herab in einem Sinne gebraucht wurde, der gänzlich von dem verschieden war, in dem Battell ihn anwendet.

Es enthält z. B. das zweite Kapitel von Purchas' Werke, das ich vorhin citirt habe, »Eine Beschreibung und geschichtliche Erklärung des Goldnen Königreichs Guinea etc. etc., aus dem Holländischen übersetzt und mit dem Lateinischen verglichen,« worin es heisst (S. 986):

»Der Fluss Gaboon liegt ungefähr fünfzehn Meilen nördlich von Rio de Angra und acht Meilen nördlich vom Cap de Lope Gonsalvez (Cap Lopez) und ist gerade unter der Linie, ungefähr fünfzehn Meilen von St. Thomas, und ist ein grosses Land, gut und leicht zu kennen. An der Mündung des Flusses liegt drei oder vier Faden tief eine Sandbank, auf welcher eine starke Brandung herrscht wegen der aus dem Flusse in das Meer ausgehenden Strömung. Dieser Fluss ist an seiner Mündung wenigstens vier Meilen breit; aber in der Nähe der Pongo genannten Insel ist er nicht über zwei Meilen breit ... Auf beiden Seiten des Flusses stehen viele Bäume ... Die Pongo genannte Insel, die einen ungeheuer hohen Berg hat.«

Die französischen Flottenoffiziere, deren Briefe der ausgezeichneten Abhandlung des verstorbenen Isidore Geoffroy Saint Hilaire über den Gorilla[5] beigegeben sind, geben die Breite des Gaboon in ähnlicher Weise an, ebenso die Bäume, welche seine Ufer bis zum Wasserspiegel herab bekleiden, ebenso die starke von ihm in das Meer ausgehende Strömung. Sie beschreiben zwei Inseln in seiner Mündung, — eine niedrige, genannt Perroquet; die andere ist hoch mit drei conischen Bergen, Coniquet genannt; und einer von ihnen, M. Franquet, führt ausdrücklich an, dass früher der Häuptling von Coniquet *Meni-Pongo* genannt worden wäre, was so viel heisst als Herr von Pongo, und dass die *N'Pongues* (wie er in Uebereinstimmung mit Dr. Savage versichert, dass sich die Eingebornen nennen) die Mündung des Gaboon selbst *N'Pongo* nennen.

Im Verkehr mit Wilden ist es so leicht, ihre Anwendungen von Worten auf Dinge misszuverstehen, dass man zunächst zu vermuthen geneigt ist, Battell habe den Namen der Gegend, wo sein »grösseres Ungeheuer« noch reichlich vorkömmt, mit dem Namen des Thieres selbst verwechselt. In Bezug auf andere Gegenstände (mit Einschluss des Namens für das »kleinere Ungeheuer«) hat er aber so völlig Recht, dass man den alten Reisenden nur ungern im Irrthum vermuthet; und auf der andern Seite werden wir sehen, dass hundert Jahre später ein anderer Reisender den Namen »Boggoe« erwähnt als von den Einwohnern eines ganz andern Theils von Afrika — Sierra Leone — auf einen grossen Affen bezogen.

Ich muss indessen diese Frage den Philologen und Reisenden zur Entscheidung überlassen; auch würde ich mich kaum so lange dabei aufgehalten haben, wäre es nicht wegen der merkwürdigen Rolle, welche dies Wort »*Pongo*« in der spätern Geschichte der menschenähnlichen Affen gespielt hat.

Fig. 2. Der Orang des Tulpius, 1641.

Die nächste Generation nach Battell sah den ersten menschenähnlichen Affen, der je nach Europa gebracht wurde, oder wenigstens, dessen Besuch einen Geschichtschreiber fand. Im dritten Buch der »Observationes medicae« des Tulpius, 1641 erschienen, ist das 56. Kapitel (oder der 56. Abschnitt) dem von ihm sogenannten *Satyrus indicus* gewidmet, »von den Indiern Orang-outang genannt, von den Afrikanern Quoias Morrou«. Er giebt, augenscheinlich nach dem Leben, eine sehr gute Abbildung des Exemplars dieses Thieres, nostra memoria ex Angola delatum, ein Geschenk für den Prinzen Friedrich Heinrich von Oranien. Tulpius sagt, es sei so gross wie ein Kind von drei Jahren, und so dick wie ein sechsjähriges; und dass sein Rücken mit schwarzem Haar bedeckt war. Es ist offenbar ein junger Chimpanze.

Unterdessen wurde die Existenz anderer Asiatischer menschenähnlicher Affen bekannt, anfangs jedoch in sehr mythischer Weise. So giebt Bontius (1658) eine durchaus fabelhafte und lächerliche Beschreibung und Abbildung eines Thieres, das er »Orang-outang« nennt; und obgleich er sagt »vidi Ego cujus effigiem hic exhibeo«, so ist doch die erwähnte Abbildung (vergleiche Fig. 6 nach Hoppius' Copie) nichts als eine sehr behaarte Frau von im Allgemeinen anständigem Ansehen, in ihren Proportionen und Füssen völlig menschlich. Der besonnene englische Anatom T y s o n war berechtigt, von dieser Beschreibung des Bontius zu sagen: »Ich gestehe, ich traue der ganzen Darstellung nicht.«

Dem letztgenannten Schriftsteller und seinem Mitarbeiter Cowper verdanken wir den ersten Bericht über einen menschenähnlichen Affen, der irgend welche Ansprüche auf wissenschaftliche Genauigkeit und Vollständigkeit machen kann. Die Abhandlung mit dem Titel »Orang-outang sive Homo sylvestris; or the Anatomy of a Pygmie compared with that of a Monkey, an Ape and a Man«, von der Royal Society im Jahre 1699 herausgegeben, ist in der That ein Werk von merkwürdigem Verdienst und hat in gewissen Beziehungen spätern Untersuchern als Vorbild gedient. Tyson erzählt uns: »Dieser Pygmie wurde von Angola in Afrika gebracht, war aber erst ein grosses Stück weiter hinauf im Lande gefangen worden«; sein Haar »war kohlschwarz von Farbe und schlicht«, und »wenn er wie ein Vierfüssler auf allen Vieren ging, so war es ungeschickt;

er setzte nicht die Handfläche platt auf den Boden, sondern ging auf den Knöcheln, wie ich es ihn habe thun sehen, wenn er schwach und nicht kräftig genug war, den Körper zu tragen«. — »Von der Höhe des Kopfes bis zur Ferse des Fusses maass er in einer geraden Linie sechs und zwanzig Zoll.«

Fig. 3. und Fig. 4. Der »Pygmie« nach Tyson's Figuren 1 und 2 verkleinert, 1699.

Diese Charaktere würden selbst ohne Tyson's gute Figuren (Fig. 3 und 4) zu dem Beweise genügt haben, dass sein »Pygmie« ein junger Chimpanze war. Da sich mir indessen höchst unerwartet die Gelegenheit dargeboten hat, das Skelet des nämlichen Exemplars zu untersuchen, das Tyson anatomirt hatte, so bin ich im Stande, ein ganz unabhängiges Zeugniss dafür abzulegen, dass er ein wirklicher, wenngleich noch sehr junger *Troglodytes niger*[6] war. Obgleich Tyson die Aehnlichkeiten zwischen seinem Pygmie und dem Menschen völlig anerkannte, so übersah er doch keineswegs die Verschiedenheiten zwischen den beiden, und er schliesst seine Abhandlung damit, dass er zuerst die

Punkte zusammenstellt, in denen »der Orang-outang oder Pygmie dem Menschen ähnlicher ist, als Affen und Meerkatzen«, und zwar in sieben und vierzig besondern Abschnitten, und dann in vier und dreissig gleicherweise kurzen Paragraphen die Beziehungen, »in denen der Orang-outang oder Pygmie vom Menschen abweicht und mehr dem Affen- und Meerkatzengeschlecht gleicht«.

Nach einer sorgfältigen Uebersicht der zu seiner Zeit über den Gegenstand vorhandenen Literatur kömmt unser Verfasser zu dem Schlusse, dass sein »Pygmie« weder mit den Orangs des Tulpius und Bontius identisch ist, noch mit dem Quoias Morrou des Dapper (oder vielmehr des Tulpius), dem Barris des D'Arcos, noch mit dem Pongo Battell's, dass es vielmehr eine Affenart ist, die wahrscheinlich mit den Pygmäen der Alten identisch ist; und obgleich er, sagt Tyson, »einem Menschen in vielen seiner Theile so sehr ähnlich ist, mehr als irgend ein Affe oder irgend ein anderes Thier in der Welt, das ich kenne, so betrachte ich ihn doch durchaus nicht als das Product einer Kreuzung, — es ist ein Thier sui generis und eine besondere Species von Affen.«

Der Name »Chimpanze«, unter dem einer der Afrikanischen Affen jetzt so wohl bekannt ist, scheint in der ersten Hälfte des achtzehnten Jahrhunderts in Gebrauch gekommen zu sein; aber die einzige wichtige Erweiterung unserer Kenntniss der menschenähnlichen Affen Afrika's aus jener Zeit ist in der Neuen Reise nach Guinea von William Smith enthalten, die das Datum 1744 trägt.

Fig. 5. Facsimile der Figur des »Mandrill« von William Smith, 1744.

»Ich will zunächst eine eigenthümliche Art von Thieren beschreiben, welches die Weissen hier zu Lande Mandrill[7] nennen; warum sie es so nennen, weiss ich aber nicht, noch hörte ich je den Namen zuvor; auch können die, die es so nennen, mir es nicht angeben, es müsste denn wegen der grossen Aehnlichkeit mit einem menschlichen Geschöpf sein, da es durchaus keinem Affen gleicht. Erwachsen ist sein Körper im Umfang so dick wie der eines mittelgrossen Mannes, — seine Beine viel kürzer, seine Füsse aber grösser, Arme und Hände im Verhältniss. Der Kopf ist ungeheuer gross und das Gesicht breit und platt, ohne irgend welche Haare ausser an den Augenbrauen; die Nase ist sehr klein, der Mund breit, die Lippen dünn. Das von einer weissen Haut bedeckte Gesicht ist ungeheuer hässlich, ganz über und über faltig wie bei alten Leuten; die Zähne sind breit und gelb; die Hände haben ebensowenig Haare wie das Gesicht, aber dieselbe weisse Haut, während der ganze übrige Körper mit langem schwarzem Haar, wie ein Bär, bedeckt ist. Sie gehen niemals auf allen Vieren, wie Affen; wenn sie geärgert oder geneckt werden, schreien sie ganz wie Kinder ...«

»Als ich in Sherbro war, machte mir ein gewisser Mr. Cummerbus, den ich hernach noch zu erwähnen Veranlassung haben werde, mit einem dieser merkwürdigen Thiere ein Geschenk; die Eingebornen nennen sie Boggoe: es war ein junges, sechs Monate altes Weibchen, aber schon damals grösser als ein Pavian. Ich übergab es der Sorge eines der Sklaven, welcher wusste, wie es zu füttern und zu pflegen war, da es ein sehr zartes Thier war; sobald ich aber das Verdeck verliess, fingen die Matrosen an, es zu necken — die einen sahen seine Thränen gern und hörten es gern weinen; andere hassten seine Schmutznase; als einer, der es schlug, vom Neger, der es besorgte, angefahren wurde, sagte er dem Sklaven, er habe seine Landsmännin sehr gern und fragte ihn, ob er sie nicht gern zur Frau nehmen möchte? Darauf antwortete der Sklave sehr schlagfertig: »Nein, das ist nicht meine Frau; das ist eine weisse Frau, das ist eine passende Frau für Dich.« Ich glaube, dieser unglückliche Witz des Negers beschleunigte seinen Tod, denn am nächsten Morgen fand man es todt unter der Winde.«

William Smith's »Mandrill« oder »Boggoe« war ohne Zweifel ein Chimpanze, wie seine Beschreibung und Abbildung bezeugen.

Linné kannte aus eigner Beobachtung nichts von den menschenähnlichen Affen, weder Afrika's noch Asiens; indessen kann man annehmen, dass eine Dissertation seines Schülers H o p p i u s in den »Amoenitates Academicae« (VI. ›Anthropomorpha‹) seine Ansichten über diese Thiere enthalte.

Fig. 6. Die Anthropomorpha Linné's.

Die Dissertation wird durch eine Tafel erläutert, von welcher der beistehende Holzschnitt, Fig. 6, eine verkleinerte Copie ist. Die Figuren sind (von links nach rechts) bezeichnet als: 1. *Troglodyta Bontii*; 2. *Lucifer Aldrovandi*; 3. *Satyrus Tulpii*; 4. *Pygmaeus Edwardi*. Das erste ist eine schlechte Copie von Bontius' imaginärem »Orang-outang«, an dessen Existenz indess Linné vollständig geglaubt zu haben scheint; wenigstens wird er in der Originalausgabe des »Systema naturae« als eine zweite Species Homo angeführt, »H. nocturnus«. *Lucifer Aldrovandi* ist eine Copie einer Figur in Aldrovandi »De Quadrupedibus digitatis viviparis«, Lib. 2, p. 249 (1645) bezeichnet: »Cercopithecus formae rarae *Barbilius* vocatus et originem a china ducebat.« Hoppius ist der Ansicht, dass dies möglicherweise einer jener katzenschwänzigen Menschen sei, von denen Nicolaus Köping versichert, dass sie eine Bootsmannschaft, den »gubernator navis« und alle miteinander auffrässen! Im »Systema naturae« nennt ihn Linné in einer Anmerkung Homo caudatus und scheint geneigt zu sein, ihn als dritte Species Mensch zu betrachten. Der *Satyrus Tulpii* ist nach Temminck eine Copie der Figur eines Chimpanze, die Scotin 1738 publicirte, die ich nicht gesehen habe. Es ist der *Satyrus indicus* des »Systema naturae« und wird von Linné für eine möglicherweise vom *Satyrus sylvestris* verschiedene Art gehalten. Das letzte, der *Pygmaeus Edwardi* ist nach der Abbildung eines jungen »Waldmenschen« oder wirklichen Orang-Utan copirt, die in Edwards' »Gleanings of Natural History« (1758) gegeben ist.

Buffon war glücklicher als sein grosser Nebenbuhler. Er hatte nicht bloss die seltene Gelegenheit, einen jungen Chimpanze lebendig beobachten zu können, sondern er gelangte auch in den Besitz eines erwachsenen Asiatischen menschenähnlichen Affen — des ersten und letzten erwachsenen Exemplars irgend eines dieser Thiere, die für viele Jahre nach Europa gebracht wurden. Unter der werthvollen Unterstützung Daubenton's gab Buffon eine ausgezeichnete Beschreibung dieses Geschöpfes, das er nach seinen eigentümlichen Körperverhältnissen den langarmigen Affen oder Gibbon nannte. Es ist der heutige *Hylobates lar*.

Als daher Buffon im Jahre 1766 den vierzehnten Band seines grossen Werkes schrieb, kannte er aus persönlicher Anschauung das Junge von einer Art Afrikanischer menschenähnlicher Affen und das Erwachsene einer Asiatischen Art, während er den Orang-Utan und den Smith'schen Mandrill aus Beschreibungen kannte. Ausserdem hatte der Abbé Prevost einen grossen Theil von Purchas' Wanderungen in seiner »Histoire générale des Voyages« ins Französische übersetzt (1748), und hier fand Buffon eine Uebersetzung von Andreas Battell's Beschreibung des Pongo und des Engeco. Alle diese Angaben versucht Buffon in dem »Les Orang-outangs ou le Pongo et le Jocko« überschriebenen Kapitel mit einander in Uebereinstimmung zu bringen. Dieser Ueberschrift ist die folgende Anmerkung beigefügt:

»Orang-outang, nom de cet animal aux Indes orientales: Pongo, nom de cet animal à Lowando

Province de Congo.«

»Jocko, Enjocko, nom de cet animal à Congo que nous avons adopté. *En* est l'article que nous avons retranché.«

Andreas Battell's »Engeco« wurde auf diese Weise in »Jocko« verwandelt und in dieser letzteren Form über alle Welt verbreitet, in Folge der ausgedehnten Popularität von Buffon's Werken. Der Abbé Prevost und Buffon thaten aber noch mehr als Battell's nüchternen Bericht durch »Weglassen eines Artikels« zu entstellen. So gab Buffon Battell's Angabe, dass die Pongos »nicht sprechen können und nicht mehr Verstand haben als ein Thier« in der Art wieder, »qu'il ne peut parler, *quoiqu'il ait plus d'entendement que les autres animaux*«; ferner steht die Versicherung Purchas', »bei einer Unterredung mit ihm sagte er mir, dass einer dieser Pongos einen Negerknaben nahm, der einen Monat unter ihnen lebte,« in der französischen Uebersetzung so, »un pongo lui enleva un petit negre qui passa un *an* entier dans la société de ces animaux.«

Nach Mittheilung der Beschreibung des grossen Pongo bemerkt Buffon mit Recht, dass alle »Jockos« und »Orangs«, die bis dahin nach Europa gebracht wären, jung gewesen seien; und er stellt die Vermuthung auf, dass sie im erwachsenen Zustande so gross wie der Pongo oder der »grosse Orang« sein möchten, so dass er vorläufig die Jockos, Orangs und Pongos als alle zu einer Art gehörig betrachtet. Und vielleicht war dies gerade soviel als der Zustand der Kenntniss zu jener Zeit erlaubte. Wie es aber kam, dass Buffon die Aehnlichkeit des Smith'schen Mandrill mit seinem eigenen Jocko übersah und den ersteren mit einem so gänzlich verschiedenen Geschöpf verwechselte, wie der Pavian mit blauem Gesicht ist, ist nicht leicht einzusehen.

Zwanzig Jahre später änderte Buffon seine Ansicht[8] und äusserte die Meinung, dass die Orangs eine Gattung mit zwei Arten bildeten, — eine grössere, der Pongo Battell's, und eine kleinere, der Jocko; dass die kleinere (Jocko) der ostindische Orang sei; und dass die jungen Thiere von Afrika, die er selbst und Tulpius beobachtet hätten, nur junge Pongos wären.

In der Zwischenzeit gab der holländische Naturforscher Vosmaer eine sehr gute Beschreibung und Abbildung eines jungen, lebendig nach Holland gebrachten Orangs (1778), und sein Landsmann, der berühmte Anatom P e t e r C a m p e r , veröffentlichte (1779) eine Abhandlung über den Orang-Utan von ähnlichem Werthe wie die Tyson's über den Chimpanze. Er anatomirte mehrere Weibchen und ein Männchen, welche alle er nach der Beschaffenheit ihrer Skelete und ihrer Bezahnung mit Recht für junge Thiere hielt. Nach Analogie vom Menschen aus urtheilend, schliesst er indessen, dass sie im erwachsenen Zustande vier Fuss Höhe nicht überschritten haben könnten. Uebrigens ist er sich völlig klar über die specifische Verschiedenheit des wahren ostindischen Orang.

»Der Orang«, sagt er, »weicht nicht bloss vom Pigmy des Tyson und vom Orang des Tulpius durch seine besondere Farbe und seine langen Zehen, sondern auch durch seine ganze äussere Form ab. Seine Arme, seine Hände und seine Füsse sind länger, während die Daumen im Gegentheil viel kürzer und die grossen Zehen im Verhältniss viel kleiner sind«[9]. Und ferner: »Der wahre Orang, das ist der asiatische von Borneo, ist also nicht der Pithecus oder der ungeschwänzte, von den Griechen und vornehmlich von Galen beschriebene Affe. Er ist weder der Pongo, noch der Jocko, noch der Orang des Tulpius, noch der Pigmy des

Tyson, sondern ist *ein Thier einer besonderen Art*, wie ich aus dem Sprachorgane und dem Knochenbau auf das Klarste nachweisen werde«[10].

Wenige Jahre später publicirte Radermacher, welcher eine hohe Stellung in der Regierung der holländischen Besitzungen in Indien einnahm und ein thätiges Mitglied der Batavischen Gesellschaft der Künste und Wissenschaften war, im zweiten Bande der Verhandlungen dieser Gesellschaft[11] eine Beschreibung der Insel Borneo, die zwischen 1779 und 1781 geschrieben ist und unter vielen anderen interessanten Dingen auch einige Bemerkungen über den Orang enthält. Er meint, die kleinere Art des Orang-Utan, nämlich die von Vosmaer und Edwards, werde nur auf Borneo und vorzüglich um Banjermassing, Mampauwa und Landak gefunden. Von dieser Art hatte er während seines Aufenthaltes in Indien einige fünfzig gesehen; keiner aber war länger als höchstens 2½ Fuss. Radermacher fährt fort: die grössere, oft für Chimäre gehaltene Art würde vielleicht noch lange dafür gehalten worden sein ohne die Anstrengungen des Residenten in Rembang, Mr. Palm, welcher auf der Rückreise von Landak nach Pontiana einen schoss und ihn, zur Uebersendung nach Europa, in Spiritus aufbewahrt nach Batavia schickte.

Palm's Brief, der die Beschreibung des Fanges enthält, lautet so: »Eurer Excellenz sende ich hierbei einen Orang, von dem ich diesen Morgen ungefähr um die achte Stunde hörte; es übertrifft dies alle Erwartung, da ich schon vor langer Zeit den Eingebornen für einen Orang-Utan von vier oder fünf Fuss Höhe hundert Ducaten geboten hatte. Lange Zeit versuchten wir das Mögliche, um das schreckliche Thier lebendig in dem dichten Walde, ungefähr halbwegs nach Landak, zu fangen. Wir vergassen selbst zu essen, so ängstlich waren wir, ihn nicht entwischen zu lassen; wir mussten uns aber in Acht nehmen, dass er sich nicht rächte, da er fortwährend schwere Stücken Holz und grüne Zweige nach uns warf. Dies Spiel dauerte bis Nachmittag 4 Uhr, wo wir uns entschlossen, ihn zu schiessen. Dies glückte mir auch sehr gut, und besser, als ich je vorher von einem Boote aus geschossen hatte. Die Kugel drang gerade in die Seite des Brustkastens ein, so dass er nicht sehr beschädigt wurde. Wir brachten ihn noch lebendig auf das Vordertheil des Schiffes und banden ihn fest; am andern Morgen starb er an seinen Wunden. Nach unserer Ankunft kam ganz Pontiana an Bord, um ihn zu sehen.« Palm giebt seine Grösse vom Kopfe bis zur Ferse zu 49 Zoll an.

Ein äusserst intelligenter deutscher Beamte, Baron von Wurmb, der zu jener Zeit eine Stellung im holländisch-ostindischen Dienste hatte und Secretair der Batavischen Gesellschaft war, untersuchte dies Thier, und seine sorgfältige Beschreibung desselben erschien unter dem Titel: »Beschrijving van der Groote Borneosche Orang-outang of de Oost-Indische Pongo« in demselben Bande der Abhandlungen der Batavischen Gesellschaft. Nachdem von Wurmb seine Beschreibung aufgesetzt hatte, giebt er in einem, Batavia Febr. 18, 1781[12] datirten Briefe noch an, dass das Exemplar in Weingeist verwahrt nach Europa gesandt worden sei, um in die Sammlung der Prinzen von Oranien aufgenommen zu werden; »unglücklicherweise«, erzählt er weiter, »hören wir, dass das Schiff Schiffbruch gelitten hat«. Von Wurmb starb im Laufe des Jahres 1781, der Brief, in dem diese Stelle vorkommt, war der letzte, den er schrieb; in seinen nachgelassenen, im vierten Theile der Verhandlungen der Batavischen Gesellschaft publicirten Arbeiten findet sich eine kurze Beschreibung eines weiblichen Pongo von vier Fuss Höhe mit Maassangaben.

Erreichte nun eines dieser Originalexemplare, nach denen

von Wurmb's Beschreibung entworfen wurde, jemals Europa? Es wird gewöhnlich angenommen, dass sie herübergekommen sind; aber ich bezweifle die Thatsache. Denn in der gesammelten Ausgabe von Camper's Werken ist der Abhandlung »De l'Orang-outang«, Tom. I, pag. 64–66, von Camper selbst eine sich auf die Arbeiten von Wurmb's beziehende Anmerkung beigefügt, in der es heisst: »Bis jetzt ist diese Affenart in Europa noch nie bekannt geworden. Radermacher hat die Güte gehabt, mir den Schädel eines dieser Thiere zu schicken, welches drei und fünfzig Zoll oder vier Fuss fünf Zoll in der Länge maass. Ich habe an Soemmerring in Mainz ein paar Skizzen geschickt, welche indessen mehr darauf berechnet sind, eine Idee von der Form als von der wirklichen Grösse der Theile zu geben.«

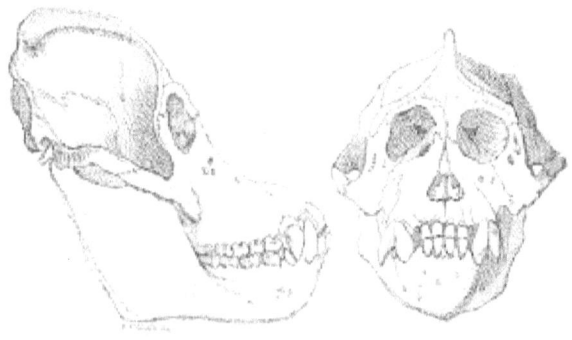

Fig. 7. Der von Radermacher an Camper gesandte Pongo-Schädel, nach Camper's Originalskizzen in der Lucae'schen Copie.

Diese Skizzen sind von Fischer und von Lucae reproducirt worden und tragen das Datum 1783; Soemmerring erhielt sie im Jahre 1784. Wäre eines der von Wurmb'schen Exemplare nach Holland gekommen, so würde es gewiss um diese Zeit Camper nicht mehr unbekannt geblieben sein, der nun aber fortfährt: »Es scheint, dass seitdem noch einige mehr von diesen

Ungeheuern gefangen worden sind; denn ein ganzes, sehr schlecht aufgestelltes Skelet, das an das Museum des Prinzen von Oranien geschickt war und welches ich erst am 27. Juni 1784 sah, war höher als vier Fuss. Ich habe dies Skelet noch einmal am 19. December 1785 untersucht, nachdem es von dem geistvollen Onymus vorzüglich zurecht gemacht worden war.«

Es scheint daher evident zu sein, dass dieses Skelet, welches zweifelsohne das ist, was immer unter dem Namen von Wurmb's Pongo ging, nicht von dem Thiere herrührt, welches er beschrieben hat, obschon es ihm ohne Frage in allen wesentlichen Punkten ähnlich war.

Camper fährt dann fort, einige der wichtigsten Züge dieses Skelets zu erwähnen, verspricht es gelegentlich im Detail zu beschreiben, und ist augenscheinlich im Zweifel über die Beziehung dieses grossen »Pongo« zu seinem »kleinen Orang«.

Die versprochenen weiteren Untersuchungen wurden niemals ausgeführt, und so kam es, dass der Pongo von Wurmb's seinen Platz neben dem Chimpanze, Gibbon und Orang erhielt als eine vierte und colossale Art menschenähnlicher Affen. Es konnte auch den damals bekannten Chimpanzes oder Orangs nichts weniger ähnlich sein als der Pongo; denn alle zur Beobachtung gekommenen Exemplare vom Chimpanze und Orang waren von kleiner Statur, von eigenthümlich menschlichem Ansehen, sanft und gelehrig; während Wurmb's Pongo ein Ungeheuer von beinahe doppelter Grösse, von grosser Stärke und Wildheit und sehr thierischem Ausdruck war; seine grosse vorstehende, mit starken Zähnen bewaffnete Schnauze war ferner noch durch das Auswachsen der Wangen in fleischige Lappen entstellt.

Gelegentlich wurde dann, in Uebereinstimmung mit den üblichen marodirenden Gewohnheiten der Revolutionsarmee, das Pongo-Skelet von Holland fort nach Frankreich geschafft, und 1798 gaben Geoffroy St. Hilaire und Cuvier Bemerkungen über dasselbe mit der ausdrücklichen Absicht, seine völlige Verschiedenheit vom Orang und seine Verwandtschaft mit den Pavianen zu beweisen.

Selbst in Cuvier's »Tableau Elémentaire« und in der ersten Ausgabe seines grossen Werkes, des »Règne animal«, wird der Pongo als eine Species Pavian aufgeführt. Es scheint indessen, dass Cuvier schon zeitig, im Jahre 1818, veranlasst wurde, seine Ansicht zu ändern und der Meinung beizutreten, die mehrere Jahre früher Blumenbach[13] und nach ihm Tilesius ausgesprochen hatte, dass der Pongo von Borneo einfach ein erwachsener Orang sei. Im Jahre 1824 wies Rudolphi aus dem Zustande der Bezahnung ausführlicher und vollständiger, als es von seinen Vorgängern geschehen war, nach, dass die bis zu jener Zeit beschriebenen Orangs sämmtlich junge Thiere wären und dass der Schädel und die Zähne des Erwachsenen wahrscheinlich so sein würden, wie sie der Wurmb'sche Pongo darböte. In der zweiten Ausgabe des »Règne animal« (1829) zieht Cuvier aus »den Verhältnissen aller Theile« und »den Anordnungen der Löcher und Nähte des Schädels« den Schluss, dass der Pongo der erwachsene Orang-Utan sei, »wenigstens eine sehr nahe verwandte Art«, und dieser Schluss wurde dann später ausser allen Zweifel gestellt durch die Abhandlung Professor Owen's, in den »Zoological Transactions« für 1835, und von Temminck in seinen »Monographies de Mammologie«. Temminck's Abhandlung ist ausgezeichnet durch die Vollständigkeit des beigebrachten Nachweises über die Modificationen, denen die Form des Orang nach Alter und Geschlecht unterliegt.

Tiedemann veröffentlichte zuerst einen Bericht über das Gehirn des jungen Orang, während Sandifort, Müller und Schlegel die Muskeln und Eingeweide des erwachsenen beschrieben und den ersten detaillirten und glaubwürdigen Bericht über die Lebensart des grossen indischen Affen im Naturzustande gaben; da dann noch von spätern Beobachtern wichtige Zusätze gegeben worden sind, so sind wir in diesem Augenblicke besser mit dem erwachsenen Zustand des Orang-Utan bekannt, als mit dem irgend eines der andern grösseren menschenähnlichen Affen.

Er ist sicher der Pongo von Wurmb's[14]; und er ist ebenso gewiss nicht der Pongo Battell's, da wir jetzt sehen, dass der Orang-Utan gänzlich auf die grossen asiatischen Inseln Borneo und Sumatra beschränkt ist.

Und während die aufeinander folgenden Entdeckungen so die Geschichte des Orang aufklärten, wurde noch nachgewiesen, dass die einzigen andern menschenähnlichen Affen in der östlichen Welt die verschiedenen Arten von Gibbon seien — Affen von kleinerer Statur, und daher die Aufmerksamkeit weniger fesselnd als die Orangs, obgleich sie eine viel weitere Verbreitung haben und deshalb der Beobachtung viel zugänglicher sind.

Obgleich der geographische Bezirk, der von dem »Pongo« und »Engeco« Battell's bewohnt wird, Europa so viel näher ist, als der, in dem der Orang und Gibbon sich findet, so hat doch unsere Bekanntschaft mit den afrikanischen Affen langsamer zugenommen; und in der That ist die wahrheitsgetreue Erzählung des alten englischen Abenteurers erst in den letzten paar Jahren völlig verständlich gemacht worden. Erst 1835 wurde das Skelet des erwachsenen Chimpanze bekannt durch die Publication von Professor Owen's oben erwähnter ausgezeichneter Abhandlung »On the osteology of the Chimpanzee and

Orang« in den Abhandlungen der Zoologischen Gesellschaft, — eine Abhandlung, welche durch die Genauigkeit der Beschreibung, die Sorgfalt in der Vergleichung und die Vortrefflichkeit der Abbildungen epochemachend war in der Geschichte unserer Kenntniss des knöchernen Baues nicht bloss des Chimpanzes, sondern aller menschenähnlichen Affen.

Durch die hier mitgetheilten detaillirten Untersuchungen wurde erwiesen, dass der alte Chimpanze in Bezug auf Grösse und Ansehen von den Tyson, Buffon und Traill bekannten jungen Formen so weit abweicht, wie der alte Orang vom jungen Orang; und die spätern äusserst wichtigen Untersuchungen der Herren Savage und Wyman, eines amerikanischen Missionars und eines Anatomen, haben nicht bloss diesen Schluss bestätigt, sondern viele neue Einzelheiten beigebracht[15].

Eine der interessantesten unter den vielen werthvollen Entdeckungen, die Dr. Thomas Savage gemacht hat, ist die Thatsache, dass heutigen Tages die Eingebornen des Gaboonlandes den Chimpanze mit einem Namen bezeichnen — »Enché-eko« — der offenbar identisch ist mit dem »Engeko« Battell's, eine Entdeckung, die von allen spätern Forschern bestätigt worden ist. War hierdurch aber bewiesen, dass Battell's »kleineres Ungeheuer« wirklich existirte, so lag natürlich die Vermuthung sehr nahe, dass sein »grösseres Ungeheuer«, der »Pongo«, früher oder später auch entdeckt werden würde. Und in der That hatte ein neuerer Reisender, Bowdich, unter den Eingebornen starke Beweise für die Existenz eines zweiten grossen Affen gefunden, der »Ingena« genannt wird, »fünf Fuss hoch und vier über die Schultern breit« ist, ein rohes Haus baut, ausserhalb dessen er schläft.

Dr. Savage war 1847 so glücklich, einen weiteren und

äusserst wichtigen Beitrag zu unserer Kenntniss der menschenähnlichen Affen liefern zu können; denn als er wider Erwarten am Gaboonfluss zurückgehalten wurde, sah er im Hause des dort residirenden Missionars, Mr. Wilson, »einen Schädel, der von den Eingebornen als der eines affenähnlichen Thieres bezeichnet wurde, das durch seine Grösse, Bösartigkeit und Gewohnheiten merkwürdig wäre«. Durch die Umrisse des Schädels und die Berichte mehrerer intelligenter Eingebornen »wurde ich zu dem Glauben veranlasst«, sagt Dr. Savage, »dass er einer neuen Art von Orang angehöre«, wobei er den Ausdruck Orang in seinem älteren allgemeineren Sinne brauchte. »Ich drückte diese Meinung gegen Mr. Wilson aus mit dem Wunsche weiterer Untersuchung und mit der Bitte, wenn möglich die Frage durch Inspection eines lebendigen oder todten Exemplars zu entscheiden.« Das Resultat der vereinten Bemühungen der Herren Savage und Wilson war nicht bloss ein sehr vollständiger Bericht über die Lebensweise des neuen Geschöpfes, sondern sie leisteten der Wissenschaft noch einen wichtigeren Dienst dadurch, dass sie den bereits erwähnten ausgezeichneten amerikanischen Anatomen, Professor Wyman, in den Stand setzten, nach einem reichen Material die unterscheidenden osteologischen Charaktere der neuen Form zu beschreiben. Das Thier wurde von den Eingebornen des Gaboon »Engé-ena« genannt, ein offenbar mit dem »Ingena« Bowdich's identischer Name. Dr. Savage kam zu der Ueberzeugung, dass dieser letztentdeckte aller grossen Affen der lange gesuchte »Pongo« Battell's sei.

Die Richtigkeit der Folgerung ist in der That ausser allem Zweifel; denn es stimmt der »Engé-ena« mit Battell's »grösserem Ungeheuer« nicht bloss in den hohlen Augen, der grösseren Statur, der schwärzlichen oder grauen Färbung überein, sondern der einzige andere menschenähnliche Affe, der jene Breiten bewohnt, der

Chimpanze, ist sofort durch seine geringere Grösse mit dem »kleineren Ungeheuer« zu identificiren, und selbst die Möglichkeit, dass er der »Pongo« sei, wird ausgeschlossen durch die Thatsache, dass er schwarz und nicht schwarzgrau ist, wobei kaum auf den wichtigen bereits erwähnten Umstand aufmerksam gemacht zu werden braucht, dass er noch jetzt den Namen »Engeko« oder »Enché-eko« führt, unter dem ihn Battell kannte.

Bei dem Aufsuchen eines specifischen Namens für den »Engé-ena« vermied Dr. Savage wohlweislich den vielfach missbrauchten Namen »Pongo«; da er vielmehr in dem alten Periplus des Hanno das Wort »Gorilla« fand als Bezeichnung für ein gewisses behaartes wildes Volk, welches der carthagische Reisende auf einer Insel an der afrikanischen Küste entdeckt hatte, gab er seinem neuen Affen den specifischen Namen »Gorilla«, woher denn seine bekannte Benennung rührt. Vorsichtiger indessen als einige seiner Nachfolger identificirt Dr. Savage seinen Affen keineswegs mit Hanno's »Wilden«. Er sagt nur, dass die letzteren wahrscheinlich »eine der Arten Orang seien«; und ich stimme mit Brullé überein, dass kein Grund vorhanden ist, den heutigen »Gorilla« mit dem des carthagischen Admirals zu identificiren.

Seit dem Erscheinen der Abhandlung von Savage und Wyman ist das Skelet des Gorilla von Professor Owen und dem verstorbenen Professor Duvernoy vom Jardin des Plantes untersucht worden; der Letztere hat ferner eine werthvolle Beschreibung des Muskelsystems und vieler anderen Weichtheile geliefert. Auch haben afrikanische Missionare und Reisende den ursprünglich von der Lebensweise dieses grossen menschenähnlichen Affen gegebenen Bericht bestätigt und erweitert, eines Affen, der das eigenthümliche Geschick hatte, zuerst der Welt im

Allgemeinen bekannt und zuletzt wissenschaftlich untersucht zu werden.

Zwei und ein halbes Jahrhundert sind verflossen, seitdem Battell seine Geschichten vom »grösseren und kleineren Ungeheuer« dem Purchas erzählte, und beinahe so viel Zeit hat es bedurft, um zu dem klaren Resultate zu kommen, dass es vier bestimmte Arten menschenähnlicher Affen gebe — in Ost-Asien die Gibbons und Orangs, in West-Afrika den Chimpanze und den Gorilla.

Die menschenähnlichen Affen, deren Entdeckungsgeschichte im Vorstehenden erzählt wurde, haben gewisse Merkmale der Structur und Verbreitungseigenthümlichkeiten gemeinsam. So haben sie alle dieselbe Zahl von Zähnen wie der Mensch — sie besitzen vier Schneidezähne, zwei Eckzähne, vier falsche und sechs wahre Backzähne in jeder Kinnlade, oder 32 Zähne in allem, im erwachsenen Zustande. Sie gehören zu den Affen, die man Catarrhini nennt — das heisst, ihre Nasenlöcher haben eine schmale Scheidewand und sehen nach abwärts; ausserdem sind ihre Arme stets länger als ihre Beine, zuweilen ist der Unterschied grösser, zuweilen kleiner; ordnet man die vier Affen nach der Länge ihrer Arme im Verhältniss zu der der Beine, so erhalten wir folgende Reihe: Orang ($1\frac{4}{9}$ - 1), Gibbon ($1\frac{1}{4}$ - 1), Gorilla ($1\frac{1}{5}$ - 1), Chimpanze ($1\frac{1}{16}$ - 1). Bei allen enden die Vordergliedmaassen in Hände, die mit längeren oder kürzeren Daumen versehen sind; auch die grosse Zehe der Füsse, die stets kleiner als beim Menschen ist, ist weit beweglicher als bei diesem und kann wie ein Daumen dem übrigen Fusse gegenübergestellt werden. Keiner dieser Affen hat einen Schwanz und keiner besitzt die den niedrigeren Affen eigenen Backentaschen. Endlich sind sie alle Bewohner der alten Welt.

Die Gibbons sind die kleinsten, schlankesten und mit den längsten Gliedmaassen versehenen menschenähnlichen Affen: ihre Arme sind länger im Verhältniss zu ihrem Körper als die irgend eines anderen menschenähnlichen Affen, so dass sie den Boden erreichen, selbst wenn sie aufrecht stehen. Ihre Hände sind länger als die Füsse, und sie sind die einzigen Anthropoiden, welche Schwielen haben wie die niedrigeren Affen. Sie sind verschieden gefärbt. Die Orangs haben Arme, welche bei aufrechter Stellung des Thieres bis zu den Knöcheln reichen; ihre Daumen und grossen Zehen sind sehr kurz, ihre Füsse länger als die Hände. Der Körper ist von rothbraunem Haar bedeckt und die Seiten des Gesichts sind bei erwachsenen Männchen in zwei halbmondförmige biegsame Auswüchse, wie fettige Geschwülste, verlängert. Die Chimpanzes haben Arme, welche bis unter die Knie reichen; sie haben grosse Daumen und grosse Zehen, ihre Hände sind länger als ihre Füsse, und ihr Haar ist schwarz, während die Haut des Gesichts bleich ist. Der Gorilla endlich hat Arme, welche bis zur Mitte des Beins reichen, grosse Daumen und grosse Zehen, Füsse länger als die Hände, ein schwarzes Gesicht und dunkelgraues Haar.

Für meinen mir vorgesteckten Zweck ist es unnöthig, in irgend weitere Details in Betreff der unterscheidenden Charaktere der Gattungen und Arten einzugehen, in welche diese menschenähnlichen Affen von Naturforschern getheilt worden sind. Es mag die Bemerkung genügen, dass die Orangs und Gibbons die besondere Genera *Simia* und *Hylobates* bilden; während die Chimpanzes und Gorillas von Einigen einfach als besondere Arten einer Gattung,

Troglodytes betrachtet werden, von Andern als besondere Gattungen, wobei der Name *Troglodytes* für den Chimpanze, *Gorilla* für den Engé-ena oder Pongo angewandt wird.

Eine genaue Kenntniss der Gewohnheiten und Lebensweise der menschenähnlichen Affen zu erhalten, ist selbst noch schwieriger gewesen, als eine richtige Darstellung ihres Körperbaues.

Nur einmal in jeder Generation wird man einen Wallace finden, der körperlich, geistig und gemüthlich geeignet ist, ohne Schaden durch die tropischen Wildnisse Amerikas und Asiens zu wandern, prachtvolle Sammlungen auf seinen Wanderungen zu machen und bei alledem noch scharfsinnig die sich aus seinen Sammlungen ergebenden Schlussfolgerungen zu ziehen. Dem gewöhnlichen Erforscher oder Sammler bieten die dichten Wälder des aequatorialen Asiens und Afrikas, welche die Lieblingsaufenthaltsorte des Orang, Chimpanze und Gorilla bilden, Schwierigkeiten von nicht gewöhnlicher Grösse dar; und ein Mann, welcher sein Leben wagt selbst bei einem kurzen Besuch an den Fieberküsten dieser Gegenden, ist wohl zu entschuldigen, wenn er vor den Gefahren des Innern zurückschreckt, wenn er sich damit begnügt, den Fleiss der besser acclimatisirten Eingebornen zu reizen, und die mehr oder weniger mythischen Berichte und Ueberlieferungen zu sammeln und neben einander zu stellen, mit denen jene ihn nur zu gern versehen.

Auf eine solche Weise entstanden die meisten der früheren Beschreibungen der Lebensweise der menschenähnlichen Affen; und selbst jetzt noch muss ein guter Theil von dem, was darüber cursirt, als nicht sicher begründet zugegeben werden. Die besten Nachrichten, die wir besitzen, sind die fast gänzlich auf europäischen Zeugnissen beruhenden über die Gibbons; die nächst besten Zeugnisse betreffen die Orangs, während unsere Kenntniss von den Gewohnheiten des Chimpanze und Gorilla weitere Beweise von unterrichteten europäischen Augenzeugen dringend bedürfen.

Wenn wir daher versuchen, uns von dem einen Begriff zu machen, was wir über diese Thiere zu glauben berechtigt sind, so wird es zweckmässig sein, mit den bestgekannten menschenähnlichen Affen, den Gibbons und Orangs, zu beginnen und die vollständig zuverlässigen Nachrichten über diese als eine Art Criterium für die Wahrheit oder Falschheit der über die andern verbreiteten Erzählungen zu benutzen.

Von den Gibbons findet sich ein halbes Dutzend Arten zerstreut über die asiatischen Inseln, Java, Sumatra, Borneo, und über Malacca, Siam, Arracan und einen nicht scharf bestimmten Theil von Hindostan auf dem asiatischen Festlande. Die grössten erreichen eine Höhe von einigen Zollen über drei Fuss von dem Scheitel zur Ferse, so dass sie kleiner als die andern menschenähnlichen Affen sind, während die Schlankheit ihres Körpers ihre ganze Körpermasse, selbst im Verhältnisse zu dieser geringeren Grösse, noch viel unbedeutender erscheinen lässt.

Dr. Salomon Müller, ein ausgezeichneter holländischer Naturforscher, welcher viele Jahre lang im ostindischen Archipel lebte und auf dessen persönliche Erfahrungen ich mich häufig zu beziehen Veranlassung haben werde, giebt an, dass die Gibbons ächte Bergbewohner sind, dass sie die Abhänge und Kämme der Berge lieben, obschon sie selten über die Grenze der Feigbäume hinaufgehen. Den ganzen Tag lang treiben sie sich in den Wipfeln der hohen Bäume umher; und obgleich sie gegen Abend in kleinen Trupps auf das offene Land herabsteigen, so schiessen sie doch die Bergabhänge hinauf und verschwinden in den dunkleren Thälern, sobald sie einen Menschen wittern.

Fig. 8. Ein Gibbon (H. pileatus) nach Wolf.

Alle Beobachter bezeugen den fabelhaften Umfang der Stimme dieser Thiere. Dem Schriftsteller zufolge, den ich eben angeführt habe, ist bei einem derselben, dem Siamang, »die Stimme voll und durchdringend, den Lauten gōek, gōek, gōek, gōek, gōek ha ha ha ha haaāāā entsprechend und kann sehr gut aus einer Entfernung von einer halben (französ.) Meile gehört werden.« Während der Schrei ausgestossen wird, wird der grosse häutige Sack unter der Kehle, der mit dem Stimmorgane communicirt, der sogenannte Kehlsack, stark ausgedehnt und sinkt wieder zusammen, wenn das Thier zu schreien aufhört.

Mr. Duvaucel versichert gleicherweise, dass der Schrei des Siamang meilenweit gehört werden kann, dass er die Wälder wiederhallen macht. So beschreibt Mr. Martin[16] den Schrei des *Hylobates agilis* (des Ungko) als »überwältigend und taubmachend« in einem Zimmer, und »durch seine Stärke«

wohl berechnet, durch die ungeheuren Wälder zu dröhnen. Mr. Waterhouse, ein ebenso vorzüglicher Musiker als Zoolog, sagt: »des Gibbons Stimme ist bestimmt viel kräftiger als die irgend eines Sängers, den ich je gehört habe.« Und doch muss man sich erinnern, dass das Thier nicht halb so hoch und viel weniger massig im Verhältniss ist, als ein Mensch.

Wir haben sichere Zeugnisse, dass verschiedene Arten vom Gibbon sehr leicht die aufrechte Stellung annehmen. Mr. George Bennett[17], ein ganz vorzüglicher Beobachter, sagt bei der Beschreibung der Gewohnheiten eines männlichen Siamang (*H. syndactylus*), der einige Zeit in seinem Besitz war: »Auf einer ebenen Fläche geht er unverändert in aufrechter Stellung; dann hängen die Arme entweder herab und gestatten ihm, sich mit den Knöcheln zu unterstützen, oder, und dies ist das Gewöhnlichere, er hält die Arme in einer fast aufrechten Stellung erhoben mit herabhängenden Händen, bereit ein Seil zu ergreifen, um bei dem Herannahen einer Gefahr oder dem Andrängen von Fremden hinaufzuklettern. In aufrechter Stellung geht er ziemlich geschwind, aber mit einem wackligen Gange und stürzt leicht hin, wenn er, verfolgt, keine Gelegenheit hat, durch Klettern zu entfliehen ... Wenn er aufrecht geht, dreht er das Bein und den Fuss nach aussen, was seinen Gang wacklig macht und ihn krummbeinig scheinen lässt.«

Dr. Burrough giebt von einem andern Gibbon, dem Horlack oder Hooluk an:

»Sie gehen aufrecht und wenn sie auf ebene Erde oder auf offenes Feld gebracht werden, balanciren sie sich sehr gut dadurch, dass sie ihre Hände über den Kopf erheben und den Arm im Ellbogen und Handgelenk leicht biegen, und laufen dann ziemlich schnell, von einer Seite zur andern wankend: werden sie zu grösserer Eile getrieben, dann lassen sie ihre Hände auf den Boden fallen und unterstützen sich damit, mehr springend als laufend, aber immer den Körper nahezu aufrecht haltend.«

Etwas verschiedene Angaben macht indessen Dr. Winslow Lewis[18]:

»Ihre einzige Art zu gehen war auf ihren hinteren oder unteren Gliedmaassen, wobei die anderen nach oben gehoben wurden, um das Gleichgewicht zu erhalten, wie Seiltänzer auf Jahrmärkten durch lange Stangen sich unterstützen. Beim Gehen setzten sie aber nicht einen Fuss vor den andern, sondern brauchten beide gleichzeitig wie beim Springen.« Auch Dr. Salomon Müller giebt an, dass die Gibbons sich auf der Erde in kurzen Reihen wackelnder Sprünge fortbewegen, die nur von den Hinterbeinen ausgeführt werden und wobei der Körper vollständig aufrecht erhalten wird.

Mr. Martin aber, der auch aus directer Erfahrung spricht, sagt von den Gibbons im Allgemeinen (a. a. O. S. 418):

»Obgleich die Gibbons ganz besonders für Leben auf den Bäumen geeignet sind und in den Zweigen eine staunenerregende Lebendigkeit entfalten, so sind sie doch nicht so ungeschickt oder verloren, wenn sie auf ebener Erde sind, als man glauben möchte. Sie gehen aufrecht, mit einem wackligen oder unsichern Gang, aber mit schnellem Schritt. Müssen sie das Gleichgewicht des Körpers herstellen, so berühren sie den Boden erst mit den Knöcheln der einen, dann mit denen der andern Seite, oder sie heben die Arme zum Balanciren. Wie beim Chimpanze wird die ganze schmale lange Sohle des Fusses auf einmal auf den Boden gesetzt und auf einmal abgehoben ohne irgend welche Elasticität des Schrittes.«

Nach dieser Masse übereinstimmender und unabhängiger Zeugnisse kann man vernünftigerweise nicht zweifeln, dass die Gibbons gewöhnlich und natürlich die aufrechte Stellung annehmen.

Ebener Boden ist aber nicht der Ort, wo diese Thiere ihre höchst merkwürdigen und eigenthümlichen bewegenden Kräfte und jene fabelhafte Lebendigkeit entfalten können, welche uns fast versuchen könnte, sie eher unter fliegende als unter gewöhnliche kletternde Säugethiere zu versetzen.

Mr. Martin hat eine so ausgezeichnete und malerische Beschreibung der Bewegungen eines *Hylobates agilis*, der im Jahre 1840 im zoologischen Garten lebte, gegeben (a. a. O. S. 430), dass ich dieselbe ausführlich mittheilen will:

»Es ist fast unmöglich, in Worten eine Idee von der Schnelligkeit und der Grazie seiner Bewegungen zu geben: sie können fast luftig genannt werden, da er bei dem Fortbewegen die Zweige, auf denen er seine Evolutionen ausführt, nur zu berühren scheint. Bei diesen Kunstleistungen sind seine Arme und Hände die einzigen Bewegungsorgane; hängt der Körper wie an einem Seil befestigt an einer Hand (ich will sagen, der rechten), so schwingt er sich durch eine energische Bewegung nach einem entfernten Zweig, den er mit der linken Hand fasst; das Festhalten ist aber kürzer als augenblicklich: der Anstoss für den nächsten Schwung ist gegeben; der jetzt erzielte Zweig wird wieder mit der rechten Hand gefasst und augenblicklich wieder losgelassen und so fort in abwechselnder Folge. Auf diese Weise werden Zwischenräume von zwölf bis achtzehn Fuss mit der grössten Leichtigkeit und ohne Unterbrechung durchflogen, und zwar stundenlang ohne die geringsten Zeichen einer Ermüdung; und es ist klar, dass, wenn ihm mehr Platz eingeräumt werden könnte, Entfernungen von weit über achtzehn Fuss ebenso leicht überwunden würden, so dass Duvaucels Behauptung, dass er gesehen habe, wie sich diese Thiere von einem Zweig auf einen andern, vierzig Fuss davon entfernten, geschwungen hätten, so wunderbar es klingt, wohl Glauben verdient. Ergreift er in seinen Bewegungen einen Zweig, so wirft er sich zuweilen nur mit der Kraft eines einzigen Armes vollständig rings um ihn herum, macht dabei einen solchen Umschwung, dass er das Auge völlig täuscht, und setzt dann seine Bewegungen mit unverminderter Schnelligkeit fort. Es ist ganz eigenthümlich zu sehen, wie plötzlich dieser Gibbon anhalten kann, während doch die Geschwindigkeit und die Entfernung seiner schwingenden Sprünge einen solchen Stoss verursacht, dass ein allmäliges Abnehmen der Bewegungen nothwendig zu sein scheint. Mitten in seinem Fluge wird ein Zweig ergriffen, der Körper gehoben und nun sieht man ihn wie durch Zauber ruhig auf ihm sitzen und ihn mit den Füssen festhalten. Ebenso plötzlich wirft er sich wieder in Thätigkeit.«

»Folgende Thatsachen werden einen Begriff von seiner Geschicklichkeit und Schnelligkeit geben. Ein lebender Vogel wurde in seiner Behausung losgelassen; er beobachtete dessen Flug, schwang sich an einen entfernten Zweig, fing unterwegs den Vogel mit der einen Hand und ergriff den Zweig mit der andern; sein Ziel, sowohl der Vogel als der Zweig, war so sicher erreicht, als ob nur ein einziger Gegenstand seine Aufmerksamkeit gefesselt hätte. Hinzufügen will ich, dass er sofort dem Vogel den Kopf abbiss, die Federn ausrupfte und ihn dann hinwarf, ohne einen Versuch zu machen, ihn zu essen.«

»Bei einer andern Gelegenheit schwang sich dies Thier von einer Stange über einem Gang, der mindestens zwölf Fuss breit war, gegen ein Fenster, welches, wie man dachte, augenblicklich müsste zerbrochen werden; aber dem war nicht so: zu Aller Verwunderung erfasste es das schmale Holzgerüst zwischen den Scheiben mit der Hand, gab sich im Moment den geeigneten Stoss und sprang zurück zu dem Käfig, den es verlassen hatte — eine Leistung, die nicht bloss grosser Kraft, sondern besonders grosser Präcision bedurfte.«

Die Gibbons scheinen von Natur sehr sanft zu sein; es giebt aber sichere Beweise dafür, dass sie gereizt gefährlich beissen können, — ein weiblicher *Hylobates agilis* hatte einen Mann so gefährlich mit seinen langen Eckzähnen verletzt, dass er starb. Da er noch Andere bedeutend verletzt hatte, wurden Vorsichts halber diese fürchterlichen Zähne abgefeilt; wurde ihm aber gedroht, fiel er doch noch über seinen Wärter her. Die Gibbons fressen Insecten, scheinen aber im Allgemeinen thierische Nahrung zu vermeiden. Mr. Bennett hat indessen gesehen, wie ein Siamang eine lebendige Eidechse ergriff und gierig verzehrte. Sie trinken gewöhnlich so, dass sie ihre Finger in die Flüssigkeit eintauchen und diese dann ablecken. Es wird angegeben, dass sie sitzend schlafen.

Duvaucel versichert gesehen zu haben, dass Weibchen ihre Jungen an das Wasser trugen und ihnen dort das Gesicht wuschen trotz Widerstand und Geschrei. In Gefangenschaft sind sie sanft und zuthulich, voller Laune und empfindlich, wie verzogene Kinder, und doch nicht ohne ein gewisses Bewusstsein oder eine Art Gewissen, wie eine von Mr. Bennett (a. a. O. S. 156) erzählte Anecdote zeigen wird. Es möchte fast scheinen, als hätte sein Gibbon eine eigenthümliche Neigung gehabt, die Sachen in seiner Cajüte in Unordnung zu bringen. Unter diesen

Gegenständen fesselte ein Stückchen Seife ganz besonders seine Aufmerksamkeit, und ein- oder zweimal schon ist er wegen Entfernens derselben gescholten worden. »Eines Morgens schrieb ich,« sagt Mr. Bennett, »der Affe war in der Cajüte, und als ich die Augen erhebend nach ihm hinsah, bemerkte ich, wie der kleine Kerl wieder die Seife nahm. Ich beobachtete ihn, ohne dass er merkte, dass ich es that: gelegentlich warf er einen verstohlenen Blick nach der Stelle hin, wo ich sass. Ich that, als ob ich schriebe, und da er mich emsig beschäftigt sah, nahm er die Seife und entfernte sich, sie in seiner Pfote haltend. Als er die halbe Länge der Cajüte gegangen war, sprach ich ruhig, ohne ihn zu erschrecken. In dem Augenblick, wo er merkte, dass ich ihn sähe, ging er zurück und legte die Seife fast auf dieselbe Stelle, von der er sie genommen hatte. In dieser Handlungsweise lag doch gewiss mehr als blosser Instinct: er offenbarte entschieden das Bewusstsein, sowohl bei der ersten als bei den letzten Handlungen unrecht gethan zu haben — und was ist Vernunft, wenn dies nicht ein Zeichen von ihr ist?«

Fig. 9. Ein erwachsener männlicher Orang-Utan, nach Müller u. Schlegel.

Der ausführlichste Bericht über die Naturgeschichte des Orang-Utan ist der von Dr. Salomon Müller und Dr. Schlegel in den »Verhandelingen over de Natuurlijke Geschiedenis der Nederlandsche overzeesche Bezittingen (1839–45)«, und was ich über den Gegenstand zu sagen habe, werde ich fast ausschliesslich auf ihre Angaben basiren, hier und da interessante Züge aus den Schriften von Brooke, Wallace und Anderen hinzufügend.

Es scheint, als ob der Orang-Utan nur selten höher würde als vier Fuss, der Körper ist aber sehr dick, er misst zwei Drittel der Höhe im Umfang[19].

Der Orang-Utan findet sich nur auf Sumatra und Borneo und ist auf keiner dieser Inseln gemein; auf beiden trifft man ihn immer nur auf niedrigen flachen Ebenen, niemals in Bergen. Er liebt die dichtesten und schattigsten Wälder, die sich von der Küste landeinwärts erstrecken, und wird daher nur in der östlichen Hälfte von Sumatra angetroffen, wo sich allein solche Wälder finden, obgleich er gelegentlich auch auf die westliche Seite hinübergeräth.

Dagegen ist er allgemein über Borneo verbreitet, mit Ausnahme der Berge oder wo die Bevölkerung dicht ist. Hat ein Jäger Glück, so kann er an günstigen Stellen drei oder vier an einem Tage sehen.

Mit Ausnahme der Paarungszeit leben die alten Männchen gewöhnlich allein. Die alten Weibchen und jungen Männchen dagegen sieht man oft zu zweien oder dreien; die ersteren haben gewöhnlich Junge bei sich, obgleich sich die trächtigen Weibchen gewöhnlich von den anderen trennen und auch noch nach der Geburt ihrer Jungen allein bleiben. Die jungen Orangs scheinen ungewöhnlich lange unter der Protection ihrer Mütter zu bleiben, wahrscheinlich in Folge ihres langsamen Wachsthums. Beim Klettern trägt die Mutter das Junge stets an ihrem Busen, wobei sich das Junge am Haare der Mutter festhält[20]. In welchem Alter der Orang-Utan fortpflanzungsfähig wird und wie lange die Weibchen die Jungen tragen, ist unbekannt; es ist indess wahrscheinlich, dass sie nicht vor dem zehnten bis fünfzehnten Lebensjahre erwachsen werden. Ein Weibchen, das fünf Jahre lang in Batavia gelebt hatte, war noch nicht ein Drittel so gross als die wilden Weibchen. Es ist wahrscheinlich, dass sie nach Erreichung ihres erwachsenen Alters noch fortwachsen, wenn auch langsam, und dass sie vierzig bis fünfzig Jahre alt werden. Die Dyaks erzählen von alten Orangs, die nicht bloss alle Zähne verloren hatten, sondern denen selbst das Klettern so beschwerlich wurde, dass sie von gefallenem

Obste und saftigen Kräutern lebten.

Der Orang ist langsam und zeigt durchaus nicht jene wunderbare Behendigkeit, die so charakteristisch für die Gibbons ist. Hunger allein scheint ihn zu Bewegungen zu veranlassen, und ist dieser gestillt, so verfällt er wieder in Ruhe. Wenn das Thier sitzt, so beugt es den Rücken und senkt den Kopf so, dass es gerade nach unten auf den Boden sieht; manchmal hält es sich mit den Händen an höheren Zweigen fest, manchmal lässt es dieselben phlegmatisch an den Seiten herabhängen — und in solchen Stellungen bleibt der Orang stundenlang auf demselben Fleck, fast ohne jede Bewegung und nur dann und wann einen Ton seiner tiefen brummenden Stimme von sich gebend. Bei Tage klettert er gewöhnlich von einem Baumwipfel zum andern und steigt nur des Nachts auf die Erde herunter; schreckt ihn dann Gefahr, so sucht er im Unterholze Schutz. Wird er nicht gejagt, so bleibt er lange an demselben Orte und bleibt sogar viele Tage auf demselben Baume, wobei ihm ein fester Platz unter den Zweigen als Bett dient. Nur selten verbringt der Orang die Nacht auf dem Gipfel eines hohen Baumes, wahrscheinlich weil es dort zu kalt und windig für ihn ist; sobald die Nacht anbricht, steigt er vielmehr aus der Höhe herab und sucht sich ein passendes Bett im niedrigern und dunklern Theile oder im blattreichen Gipfel eines kleinen Baumes, unter denen er Nibong Palmen, Pandanen oder einer jener parasitischen Orchideen den Vorzug giebt, welche den Urwäldern von Borneo ein so charakteristisches, auffallendes Ansehen geben. Wo immer er aber zu schlafen sich entschliesst, da macht er sich eine Art Nest: kleine Zweige und Blätter werden um den auserwählten Ort zusammengezogen und kreuzweise über einander gebogen, und um das Bett weich zu machen, werden dann grosse Blätter von Farnen, Orchideen, *Pandanus fascicularis*, *Nipa fruticans* etc. darüber gelegt. Die Nester, welche Müller sah, und viele waren ganz frisch, waren in einer Höhe von zehn bis fünf und zwanzig Fuss über der Erde angebracht und hatten im Mittel einen Umfang von zwei oder drei Fuss. Einige waren viele Zoll dick mit Pandanusblättern bepackt; andere waren nur durch die zusammengebogenen Zweige merkwürdig, die in einem gemeinschaftlichen Mittelpunkt verbunden eine regelmässige Fläche bildeten. »Die rohe *Hütte*,« sagt Sir James Brooke, »welche sie nach der gewöhnlichen Angabe auf Bäumen bauen, könnte man zutreffender einen Sitz oder ein Nest nennen, denn sie hat kein Dach noch irgend eine Bedeckung. Die Leichtigkeit, mit der sie dieses Nest bauen, ist merkwürdig; ich hatte die Gelegenheit, ein verwundetes Weibchen die Zweige in einer Minute zusammenweben und sich setzen zu sehen.«

Nach den Angaben der Dyaks verlässt der Orang selten sein Bett, bevor die Sonne über den Horizont herauf ist und die Nebel zerstreut hat. Er steht ungefähr um neun Uhr auf und geht ungefähr um fünf Uhr wieder zu Bett, manchmal indess erst spät in der Dämmerung. Er liegt zuweilen auf dem Rücken, oder der Veränderung halber dreht er sich auf die eine oder die andere Seite, wobei er die Beine an den Körper heranzieht und den Kopf mit der Hand stützt. Ist die Nacht kalt und windig oder regnerisch, so bedeckt er den Körper gewöhnlich mit einem Haufen von Pandanus-, Nipa- oder Farnblättern, wie die, aus denen das Bett gemacht ist, und trägt besondere Sorge, seinen Kopf in solche einzuhüllen. Wahrscheinlich hat diese Gewohnheit, sich zuzudecken, zu der Fabel veranlasst, dass der Orang Hütten auf Bäume baue.

Obgleich der Orang den Tag über auf den Zweigen grosser Bäume sich aufhält, so sieht man ihn doch selten auf einem dicken Aste kauern, wie es andere Affen und besonders die Gibbons thun. Im Gegentheil beschränkt sich der Orang auf die dünneren blätterigen Zweige, so dass man ihn im wirklichen Wipfel des Baumes sieht, eine Lebensweise, welche in enger Beziehung zur Bildung seiner Hintergliedmaassen und besonders seines Gesässes steht. Dies hat nämlich keine Schwielen, wie es viele niedere Affen und selbst die Gibbons haben; auch sind die Knochen des Beckens, die man Ischia oder Sitzbeine nennt und welche das feste Gerüst der Fläche bilden, auf welcher der Körper in der sitzenden Stellung ruht, nicht verbreitert wie bei den Affen, die Schwielen besitzen, sondern sind denen des Menschen ähnlicher.

Der Orang klettert so langsam und vorsichtig[21], dass er dabei mehr einem Menschen als einem Affen ähnelt; er ist sehr besorgt um seine Füsse, so dass eine Verletzung derselben ihn bei weitem mehr zu afficiren scheint, als andere Affen. Ungleich den Gibbons, deren Vordergliedmaassen den grössten Theil der Arbeit besorgen, wenn sie sich von Zweig zu Zweig schwingen, macht der Orang niemals auch nur den kleinsten Sprung. Beim Klettern bewegt er abwechselnd eine Hand und einen Fuss, oder zieht, nachdem er sich mit den Händen ordentlich fest gehalten hat, beide Füsse zusammen nach. Beim Uebergang von einem Baume zum andern sucht er sich stets eine Stelle aus, wo beider Zweige dicht zusammenkommen oder in einander reichen. Selbst wenn er dicht verfolgt wird, ist seine Umsicht staunenerregend; er schüttelt die Zweige, um zu sehen, ob sie ihn tragen, und indem er dann einen überhängenden Zweig niederbeugt, dadurch, dass er mit seinem Gewicht allmälig auf ihn drückt, bildet er sich eine Brücke von dem Baume, den er verlassen will, zum nächsten[22].

Auf ebener Erde geht der Orang immer mühsam und wackelnd auf allen Vieren. Beim Anlauf rennt er geschwinder als ein Mensch, wird aber bald überholt. Die sehr langen Arme, die beim Rennen nur wenig gebogen sind, heben den Körper des Orang merkwürdig, so dass er fast die Stellung eines ganz alten Mannes, der vom Alter gebeugt ist und sich mit Hülfe eines Stockes forthilft, annimmt. Beim Gehen ist der Körper gewöhnlich gerade nach vorwärts gerichtet, ungleich den anderen Affen, die mehr oder weniger schräg laufen, mit Ausnahme indessen der Gibbons, die in dieser wie so mancher andern Beziehung merkwürdig von ihren Genossen abweichen.

Der Orang kann seine Füsse nicht platt auf den Boden setzen, sondern stützt sich auf deren äussere Kante, wobei die Ferse mehr auf dem Boden ruht, während die gekrümmten Zehen zum Theil mit der obern Seite ihrer ersten Knöchel den Boden berühren und die zwei äussersten Zehen jeden Fusses dies gänzlich mit dieser Fläche thun. Die Hände werden in der entgegengesetzten Weise gehalten, so dass ihre inneren Ränder als Hauptstützpunkte dienen. Die Finger sind dabei so gebogen, dass ihre obersten Gelenke, besonders die der beiden innersten Finger, mit ihrer obern Seite auf dem Boden ruhen, während die Spitze des freien und geraden Daumens als weiterer Stützpunkt dient.

Der Orang steht niemals auf seinen Hinterbeinen, und alle Abbildungen, die ihn so darstellen, sind ebenso falsch wie die Behauptung, dass er sich mit Stöcken vertheidige und Aehnliches.

Die langen Arme sind von besonderem Nutzen nicht bloss beim Klettern, sondern auch um Nahrung von Zweigen zu pflücken, denen das Thier nicht sein Körpergewicht anvertrauen kann. Feigen, Blüthen und junge Blätter verschiedener Art machen die Hauptnahrung des Orangs aus; es wurden aber auch zwei oder drei Fuss lange Streifen vom Bambus im Magen eines Männchens gefunden. Man weiss nicht, dass sie lebendige Thiere verzehrten.

Obgleich der Orang bald gezähmt wird, wenn er jung gefangen ist, und in der That menschliche Gesellschaft vorzuziehen scheint, so ist er doch im Naturzustand ein sehr wildes und scheues Thier, obgleich scheinbar träge und melancholisch. Die Dyaks versichern, dass wenn alte Männchen mit Pfeilen nur verwundet sind, sie gelegentlich die Bäume verlassen und wüthend auf ihre Feinde losgehen, deren einzige Rettung in augenblicklicher Flucht liegt, da sie sicher sind getödtet zu werden, wenn sie sich einholen lassen[23].

Wenngleich aber der Orang unendliche Kraft besitzt, so ist es doch selten, dass er sich zu vertheidigen versucht, besonders wenn er mit Schusswaffen angegriffen wird. Bei solchen Gelegenheiten versucht er sich zu verbergen oder den äussersten Gipfelzweigen der Bäume entlang zu entfliehen, wobei er die Zweige abbricht und herunterwirft. Ist er verwundet, so zieht er sich auf den erreichbar höchsten Punkt eines Baumes zurück und stösst ein eigenthümliches Geschrei aus, das zuerst aus hohen Tönen besteht, sich aber allmälich zu einem leisen Brummen vertieft, nicht unähnlich dem eines Panthers. Während er die hohen Töne ausstösst, stösst er die Lippen trichterförmig vor, beim Hervorbringen der tiefen Töne hält er dagegen den Mund weit offen, und gleichzeitig wird auch der grosse Kehlsack ausgedehnt.

Nach den Erzählungen der Dyaks ist das einzige Thier, mit dessen Stärke der Orang die seinige misst, das Krokodil, das ihn gelegentlich bei seinen Besuchen am Ufer angreift. Sie sagen aber, dass der Orang seinem Feinde mehr als gleich sei, und ihn zu Tode schlägt oder ihm durch Auseinanderziehen der Kinnladen die Kehle aufreisst!

Viel von dem, was hier mitgetheilt worden ist, hat Dr. Müller wahrscheinlich aus den Erzählungen seiner Dyak-Jäger geschöpft. Ein grosses Männchen indessen von vier Fuss Höhe lebte unter seiner Aufsicht einen Monat lang in Gefangenschaft und erhielt eine sehr schlechte Censur.

»Er war ein sehr wildes Thier,« sagt Müller, »von fabelhafter Stärke und falsch und schlecht im höchsten Grade. Näherte sich irgend Jemand, so erhob er sich langsam mit einem tiefen Brummen, fixirte die Augen in der Richtung, in der er seinen Angriff zu machen gedachte, steckte die Hand langsam zwischen die Stangen seines Käfigs und machte dann, indem er seinen langen Arm ausstreckte, einen plötzlichen Griff — gewöhnlich nach dem Gesicht.« Er versuchte niemals zu beissen (obgleich die Orangs sich untereinander beissen), seine grossen Angriffs- und Vertheidigungswaffen sind seine Hände.

Seine Intelligenz war sehr gross; und Müller bemerkt, obgleich die geistigen Fähigkeiten des Orang zu hoch geschätzt worden seien, so würde doch Cuvier, wenn er dies Exemplar gesehen hätte, seine Intelligenz nicht bloss für wenig höher als die des Hundes betrachtet haben.

Sein Gehör war äusserst scharf, der Gesichtssinn dagegen schien weniger vollkommen zu sein. Die Unterlippe war das Hauptgefühlsorgan und spielte beim Trinken eine grosse Rolle; zuerst wurde sie wie ein Trog vorgestreckt, um entweder den herabfallenden Regen aufzufangen oder den Inhalt der mit Wasser gefüllten halben Cocosnussschale aufzunehmen, womit der Orang versehen wurde und welchen er beim Trinken in den so gebildeten Trog ausgoss.

Der Orang-Utan der Malayen geht unter den Dyaks in Borneo unter dem Namen »*Mias*«, und sie unterscheiden mehrere Arten, als *Mias Pappan* oder *Zimo*, *Mias Kassu* und

Mias Rambi. Ob dies aber verschiedene Species oder blosse Rassen sind, und wie weit irgend einer derselben mit dem sumatranischen Orang identisch sei, wie Wallace von dem Mias Pappan glaubt, sind bis jetzt noch unentschiedene Probleme; auch ist die Variabilität dieser grossen Affen so gross, dass die Entscheidung dieser Frage ein äusserst schwieriger Gegenstand ist. Von der »Mias Pappan« genannten Form bemerkt Mr. Wallace[24]: »Er ist bekannt durch seine bedeutende Grösse und die seitliche Ausdehnung des Gesichts in fettige Vorsprünge oder Leisten über den Schläfenmuskeln, die fälschlich als Schwielen bezeichnet worden sind, während sie völlig weich, glatt und biegsam sind. Fünf Exemplare dieser Form, die ich gemessen habe, schwankten nur von 4 Fuss 1 Zoll bis 4 Fuss 2 Zoll in Höhe von der Ferse bis zur Scheitelspitze, der Umfang des Körpers von 3 Fuss bis zu 3 Fuss 7½, Zoll, und die Länge der ausgestreckten Arme von 7 Fuss 2 Zoll bis zu 7 Fuss 6 Zoll, die Breite des Gesichts von 10 bis zu 13¼ Zoll. Die Farbe und Länge des Haars variirte bei verschiedenen Individuen und an verschiedenen Theilen desselben Individuums; einige hatten einen rudimentären Nagel an der grossen Zehe, andere durchaus keinen; im Uebrigen boten sie aber keine äusseren Verschiedenheiten dar, auf die man selbst Varietäten einer Art hätte gründen können.«

»Untersucht man indessen die Schädel dieser Individuen, so findet man merkwürdige Verschiedenheiten der Form, Verhältnisse und Grösse, und nicht zwei sind einander völlig gleich. Die Neigung des Profils, das Vorspringen der Schnauze, zusammen mit der Grösse der Schädelkapsel bieten ebenso entschiedene Differenzen dar, wie die ausgeprägtesten Formen der kaukasischen und afrikanischen Schädel bei der Menschenart. Die Augenhöhlen variiren in Höhe und Breite, die Schädelleiste ist entweder einfach oder doppelt, entweder viel oder wenig entwickelt und die Oeffnung des Jochbogens schwankt beträchtlich in ihrer Grösse. Dieses Schwanken in den Verhältnissen der Schädel setzt uns in den Stand, die so ausgeprägte Verschiedenheit der Schädel mit einem Muskelkamm und mit zweien, die für die Existenz zweier grossen Arten von Orang als beweisend angesehen werden, genügend zu erklären. Die äussere Oberfläche des Schädels nämlich variirt beträchtlich in Grösse, ebenso wie die Jochbeinöffnung und die Schläfenmuskel es thun; sie stehen aber in keiner notwendigen Beziehung zu einander, ein kleiner Muskel findet sich oft bei einer grossen Schädeloberfläche und umgekehrt. Diejenigen Schädel nun, welche die grössten und stärksten Kinnladen und die weitesten Jochbogen besitzen, haben so grosse Muskeln, dass sie auf dem Scheitel zusammenstossen und die knöcherne Leiste absetzen, die sie von einander trennt und welche bei denen am höchsten ist, die die kleinste Schädeloberfläche haben. Bei denen, welche mit einer grossen Oberfläche schwache Kinnladen und kleine Jochbogen besitzen, reichen die Muskeln von beiden Seiten nicht bis zur Schädelhöhe, zwischen beiden bleibt ein Raum von 1 bis 2 Zoll, und hier werden ihrem Rande entlang kleine Muskelleisten gebildet. Man findet auch zwischenliegende Formen, bei denen die Leisten sich nur am hintern Theile des Schädels treffen. Die Form und Grösse dieser Leisten sind daher unabhängig vom Alter, sind vielmehr zuweilen bei jüngeren Thieren stärker entwickelt. Professor Temminck bestätigt, dass die Reihe von Schädeln im Leydner Museum dasselbe Resultat ergiebt.«

Mr. Wallace konnte indessen zwei erwachsene männliche Orangs (Mias Kassu der Dyaks) untersuchen, die so verschieden von all den übrigen waren, dass er sie für specifisch verschieden hält; sie waren beziehentlich 3 Fuss 8½ Zoll und 3 Fuss 9½ Zoll hoch und hatten keine Spur der

Backenauswüchse, glichen aber im Uebrigen den grösseren Formen. Der Schädel hat keinen knöchernen Kamm, sondern zwei knöcherne Leisten, 1¾ bis 2 Zoll von einander entfernt, wie beim *Simia morio* Professor Owen's. Die Zähne sind aber ungeheuer, denen der andern Art gleichkommend, oder sie noch übertreffend. Die Weibchen dieser beiden Formen haben nach Mr. Wallace keine Auswüchse und gleichen den kleineren Männchen, sind aber um 1½ bis 3 Zoll kleiner; ihre Eckzähne sind im Verhältniss klein, abgestutzt und an der Basis verbreitert, wie bei dem sogenannten Simia morio, der, aller Wahrscheinlichkeit nach, der Schädel eines Weibchens derselben Art ist, wie die kleineren Männchen. Beide, Männchen und Weibchen dieser kleineren Art sind nach Mr. Wallace durch die verhältnissmässig bedeutende Grösse der mittleren Schneidezähne des Oberkiefers zu unterscheiden.

So viel ich weiss, hat Niemand die Richtigkeit der oben angeführten Angaben über die Lebensweise der beiden asiatischen menschenähnlichen Affen bestritten; und wenn sie wahr sind, so muss als evident zugegeben werden, dass ein solcher Affe

1. sich auf ebener Erde leicht in der aufrechten oder halbaufrechten Stellung fortbewegen kann, ohne sich direct auf die Arme zu stützen;

2. dass er eine sehr laute Stimme haben kann, so laut, dass sie leicht eine bis zwei Meilen weit gehört werden kann;

3. dass er gereizt sehr bösartig und heftig werden kann, was vorzüglich für erwachsene Männchen gilt;

4. dass er ein Nest bauen kann, in dem er schläft.

Sind dies nun in Bezug auf die asiatischen Anthropoiden

sichergestellte Thatsachen, so wären wir schon nach Analogie berechtigt zu erwarten, dass die afrikanischen Arten ähnliche Eigenthümlichkeiten zeigen werden, einzeln oder in gleicher Verbindung; jedenfalls würden jene Thatsachen die Beweiskraft irgend welcher a priori aufzustellender Gründe gegen die Sicherheit von Zeugnissen schwächen, die zu Gunsten des Vorhandenseins jener Eigenthümlichkeiten vorgebracht worden sind. Und wenn gezeigt werden könnte, dass der Bau irgend eines afrikanischen Affen ihn noch besser als seine asiatischen Verwandten zur aufrechten Stellung und zu einem wirksamen Angriff befähigt, so wäre noch weniger Grund vorhanden zu zweifeln, dass er gelegentlich die aufrechte Haltung annimmt und aggressiv verfährt.

Von der Zeit Tyson's und Tulpius' an ist die Lebensweise des jungen Chimpanze ausführlich beschrieben und mit erläuternden Bemerkungen dargestellt worden. Glaubwürdige Zeugnisse über die Manieren und Gewohnheiten erwachsener Anthropoiden dieser Art in ihren heimathlichen Wäldern haben aber bis zur Zeit des Erscheinens von Dr. Savage's Abhandlung, auf welche ich mich vorhin bezogen habe, fast ganz gefehlt; dieselbe enthält Schilderungen der von ihm gemachten Beobachtungen und Mittheilungen der Nachrichten aus von ihm für glaubwürdig gehaltenen Quellen während der Zeit eines Aufenthaltes am Cap Palmas, an der Nordwestgrenze des Bezirks von Benin.

Die von Dr. Savage gemessenen Chimpanzes überschritten niemals fünf Fuss in Höhe, die Männchen waren fast genau so hoch.

In der Ruhe nehmen sie gewöhnlich eine sitzende Haltung an. Man sieht sie gewöhnlich stehen und gehen; werden sie aber dabei entdeckt, so nehmen sie unmittelbar alle vier und fliehen aus der Gegenwart der Beobachter. Ihr Bau ist der Art, dass sie nicht ganz aufrecht stehen können, sondern nach vorn neigen. Wenn sie stehen, sieht man sie daher die Hände über dem Hinterhaupte zusammenschlagen oder über der Lendengegend, was nothwendig zu sein scheint, um die Haltung zu balanciren oder zu erleichtern.

»Die Zehen sind beim Erwachsenen stark gebogen und nach innen gewendet, und können nicht vollständig ausgestreckt werden. Beim Versuch hierzu erhebt sich die Haut des Rückens in dicken Falten, woraus hervorgeht, dass die völlige Streckung des Fusses, wie es beim Gehen nothwendig wird, unnatürlich ist. Die natürliche Stellung ist die auf allen Vieren, wobei der Körper vorn auf den Knöcheln ruht. Diese sind bedeutend verbreitert, mit vorspringender und verdickter Haut wie an der Fusssohle.

Sie sind geschickte Kletterer, wie man schon aus ihrem Baue vermuthen kann. In ihren Spielen schwingen sie sich auf grosse Entfernungen von einem Beine zum andern und springen mit staunenerregender Behendigkeit. Man sieht nicht ungewöhnlich die ›alten Leute‹ (in der Sprache eines Beobachters) unter einem Baume sitzen, sich mit Früchten und freundschaftlichem Geschwätz unterhalten, während ihre ›Kinder‹ um sie herum springen und sich von Baum zu Baum mit ausgelassener Freude schwingen.

Wie man sie hier sieht, können sie nicht gesellig oder in Heerden lebend genannt werden, da man selten mehr als fünf, höchstens zehn zusammen findet. Auf gute Gewähr sich stützend, hat man erzählt, dass sie sich gelegentlich bei Spielen in grosser Zahl versammeln. Mein Berichterstatter versichert, bei einer solchen Gelegenheit einmal nicht weniger als fünfzig gesehen zu haben, jubelnd, schreiend und mit Stöcken auf alten Stämmen trommelnd, welches letztere mit gleicher Leichtigkeit mit allen vier Extremitäten gethan wird. Sie scheinen nie offensiv zu verfahren und selten, wenn überhaupt, defensiv. Sind sie nahe daran gefangen zu werden, so leisten sie dadurch Widerstand, dass sie ihre Arme um ihren Gegner werfen, und ihn in Berührung mit ihren Zähnen zu bringen suchen« (Savage, a. a. O. S. 384).

In Bezug auf diesen letztern Punkt ist Dr. Savage an einer andern Stelle sehr ausführlich:

»Ihre vorzügliche Vertheidigungsweise ist das Beissen. Ich habe einen Mann gesehen, der auf diese Weise bedeutend an den Füssen verwundet war.

Die starke Entwickelung der Eckzähne beim Erwachsenen möchte eine Neigung zu Fleischnahrung anzudeuten scheinen; aber in keinem Falle, mit Ausnahme der Zähmung, zeigen sie dieselbe. Anfänglich weisen sie Fleisch zurück, erlangen aber leicht eine Vorliebe für dasselbe. Die Eckzähne werden zeitig entwickelt und sind augenscheinlich dazu bestimmt, die bedeutende Rolle der Vertheidigungswaffe zu übernehmen. Kommt das Thier mit Menschen in Berührung, so ist beinahe das Erste, was das Thier thun will, beissen.

Sie vermeiden die Aufenthaltsorte der Menschen und bauen sich ihre Wohnungen auf Bäumen. Der Bau derselben ist mehr der von Nestern, als von Hütten, wie sie irrthümlich von manchen Naturforschern genannt worden sind. Sie bauen im Allgemeinen nicht hoch über der Erde. Grössere oder kleinere Zweige werden gebogen oder angeknickt, gekreuzt und das Ganze durch einen Ast oder einen Gabelzweig gestützt. Manchmal findet man ein Nest nahe dem Ende eines dicken blattreichen Astes zwanzig oder dreissig Fuss über der Erde. Kürzlich erst habe ich eins gesehen, das nicht niedriger als vierzig Fuss sein konnte, wahrscheinlicher aber fünfzig hoch war. Dies ist aber eine ungewöhnliche Höhe.

Sie haben keinen festen Wohnort, sondern wechseln ihn beim Aufsuchen von Nahrung und aus Bedürfniss nach Ungestörtheit, je nach der Stärke der Umstände. Wir sahen sie öfter in hoch gelegenen Stellen; dies rührt aber von der Thatsache her, dass die dem Reisbau der Eingebornen günstigeren Niederungen öfter gelichtet werden und daher fast stets Mangel an passenden Bäumen für ihre Nester eintritt. Es ist selten, dass mehr als ein oder zwei Nester auf einem und demselben Baume gefunden werden, oder selbst in derselben Umgebung: einmal hat man fünf gefunden, dies war aber ein ungewöhnlicher Umstand.«

»Sie sind sehr schmutzig in ihrer Lebensweise. — Unter den Eingebornen hier geht eine Ueberlieferung, dass sie einstmals Mitglieder ihres eigenen Stammes waren, dass sie aber wegen ihrer entarteten Gewohnheiten von aller menschlichen Gesellschaft verstossen und in Folge ihres hartnäckigen Beharrens bei ihren gemeinen Neigungen allmählich auf ihren gegenwärtigen Zustand und zu ihrer jetzigen Organisation herabgesunken wären. Sie werden indessen von jenen gegessen, und, mit dem Oel und dem Marke der Palmennuss gekocht, für ein äusserst schmackhaftes Gericht gehalten.

Sie zeigen einen merkwürdigen Grad von Intelligenz in ihren Gewohnheiten, und von Seiten der Mutter viel Liebe zu ihren Jungen. Das zweite der beschriebenen Weibchen war, als es zuerst entdeckt wurde, auf einem Baume mit seinem Manne und zwei Jungen (einem Männchen und Weibchen). Sein erster Impuls war, mit grosser Schnelligkeit herunterzusteigen und mit seinem Manne und dem jungen Weibchen ins Dickicht zu entfliehen. Bald kehrte es aber zur Rettung seines zurückgebliebenen jungen Männchen zurück. Es stieg hinauf und nahm es in seine Arme und in diesem Augenblick wurde es geschossen, die Kugel drang auf dem Wege zum Herzen der Mutter durch den Vorderarm des Jungen.

In einem neueren Falle blieb die Mutter, nachdem sie entdeckt war, mit ihrem Jungen auf dem Baume und folgte aufmerksam den Bewegungen des Jägers. Als er zielte, machte sie eine Bewegung mit ihrer Hand, genau in der Weise, wie es ein Mensch thun würde, um den Jäger zum Abstehen und Fortgehen zu bewegen. War die Verwundung nicht augenblicklich tödtlich, so hat man die Beobachtung gemacht, dass sie das Blut durch Aufdrücken der Hand auf die Wunde stillen, und wenn dies nicht ausreiche, durch Auflegen von Blättern und Gras. — Sind sie geschossen, so stossen sie einen plötzlichen Schrei aus, nicht ungleich dem eines Menschen, der plötzlich in grosse Noth kommt.«

Man versichert indess, dass gewöhnlich die Stimme des Chimpanze nicht sehr laut, rauh, guttural sei, ungefähr wie »whuu-whuu« (a. a. O. S. 365).

Die Analogie zwischen Chimpanze und Orang in Bezug auf die Sitte und die Art und Weise, ein Nest zu bauen, ist äusserst interessant, während andererseits die Beweglichkeit dieses Affen und seine Neigung zu beissen Eigenthümlichkeiten sind, in denen er den Gibbons eher ähnlich ist. Die Ausdehnung der geographischen Verbreitung der Chimpanzes — die sich von Sierra Leone bis Congo finden — erinnern mehr an die Gibbons als an irgend einen andern menschenähnlichen Affen; und es scheint nicht unwahrscheinlich, dass, ebenso wie es mit den Gibbons der Fall ist, auf diesem geographischen Gebiete mehrere Arten dieser Gattung verbreitet sind.

Derselbe ausgezeichnete Beobachter, dem ich den

vorstehenden Bericht über die Gewohnheiten des erwachsenen Chimpanze entlehnt habe, hat vor fünfzehn Jahren[25] eine Beschreibung des G o r i l l a veröffentlicht, die in ihren wesentlichsten Punkten von späteren Beobachtern bestätigt worden ist, und der so wenig hat Thatsächliches zugesetzt werden können, dass ich, um Dr. Savage gerecht zu sein, sie beinahe in ihrer ganzen Ausdehnung gebe.

»Man muss im Auge behalten, dass mein Bericht auf die Angaben der Eingebornen jener Gegend (des Gaboon) sich gründet. Bei dieser Gelegenheit darf ich auch wohl bemerken, dass ich mich nach mehrjährigem Aufenthalt als Missionär und einem durch fortwährenden Verkehr ermöglichten Studium des afrikanischen Geistes und Charakters für fähig halten darf, die Angaben der Eingebornen zu prüfen und über ihre Wahrscheinlichkeit zu entscheiden. Da ich ausserdem mit der Naturgeschichte und der Lebensart seines interessanten Verwandten (*Troglodytes niger*, Geoff.) vertraut war, war ich auch im Stande, die Berichte über die beiden Thiere aus einander zu halten, die, weil sie in derselben Gegend leben und ähnliche Gewohnheiten haben, im Geiste der Masse verwechselt werden, besonders da nur wenige — wie Leute, die mit dem Innern handeln und Jäger — das fragliche Thier je gesehen haben.

Der Volksstamm, dem wir die Kenntniss des Thieres verdanken und dessen Gebiet ihm zum Wohnort dient, ist der der *Mpongwe*, die beide Ufer des Gaboonflusses von seiner Mündung einige fünfzig oder sechszig Meilen aufwärts inne haben.

Wenn das Wort »Pongo« afrikanischen Ursprungs ist, dann ist es wahrscheinlich eine Corruption des Wortes *Mpongwe*, des Namens des Volksstammes an den Ufern des

Gaboon, und von diesem auf die von ihm bewohnte Gegend übertragen. Ihr localer Name für den Chimpanze ist *Enché-eko*, so gut er sich wiedergeben lässt, von dem wahrscheinlich der gewöhnliche Ausdruck »Jocko« herrührt. Die Mpongwe-Bezeichnung für seinen neuen Verwandten *Engé-ena*, mit Verlängerung des Klangs des ersten Vocals und nur leise den zweiten anklingend.

Der Wohnort des *Engé-ena* ist das Innere von Nieder-Guinea, während der *Enché-eko* näher der Küste lebt.

Seine Höhe ist ungefähr fünf Fuss; er ist unverhältnissmässig breit über den Schultern, dick bedeckt mit krausem schwarzen Haar, welches in seiner Anordnung dem des *Enché-eko* ähnlich sein soll; im Alter wird es grau, welche Thatsache zu dem Bericht Veranlassung gegeben hat, dass man beide Thiere in verschiedenen Färbungen finde.

Fig. 10. Der Gorilla, nach Wolf.

Kopf. Die vorstechenden Eigenthümlichkeiten des Kopfes bestehen in der grossen Breite und Verlängerung des Gesichts, der Höhe der Backzahngegend (die Aeste des Unterkiefers sind sehr hoch und reichen weit zurück) und in der verhältnissmässigen Kleinheit des eigentlichen Schädeltheils. Die Augen sind sehr gross und, wie man sagt, gleich denen des Enché-eko hellbraun; die Nase ist breit und flach, nach der Wurzel hin leicht erhoben; die Schnauze breit, Lippen und Kinn vorstehend, mit zerstreut stehenden grauen Haaren; die Unterlippe ist äusserst beweglich und, wenn das Thier gereizt wird, einer grossen Verlängerung fähig, wobei sie über das Kinn herabhängt; die Haut des Gesichts und der Ohren ist nackt, dunkelbraun, dem Schwarzen sich nähernd.

Der merkwürdigste Zug am Kopfe ist ein hoher Kamm von Haaren im Verlaufe der Pfeilnaht, welcher vorn mit einem queren Haarkamme zusammentrifft. Der letztere ragt weniger vor und läuft von einem Ohre ringsum zum andern. Das Thier hat die Fähigkeit, die Kopfhaut nach hinten und vorn frei bewegen zu können; wenn es in Wuth geräth, soll es dieselbe stark über die Stirn zusammenziehen und auf diese Weise den Haarkamm nach unten und vorn rücken, wobei die Haare nach vorn gerichtet sind, so dass das Thier einen unbeschreiblich wilden Anblick darbietet.

Der Hals ist kurz, dick, haarig; die Brust und Schultern sind sehr breit, wie man sagt, noch einmal so breit wie die des Enché-eko; die Arme sehr lang, etwas über das Knie reichend, der Vorderarm ist bei weitem am kürzesten; Hände sehr lang, der Daumen viel stärker als die anderen Finger.

Der Gang ist wackelnd; die Bewegung des Körpers, der niemals aufrecht steht wie beim Menschen, sondern nach vorn gebeugt ist, ist gewissermaassen rollend, von einer Seite zur andern. Da die Arme länger sind als beim Chimpanze, so staucht das Thier beim Gehen nicht so sehr; wie jener wirft es beim Gehen die Arme nach vorn, setzt die Hände auf den Boden und giebt dann dem Körper eine halb springende, halb schwingende Bewegung zwischen ihnen. Bei dieser Handlung soll es nicht die Finger beugen und sich auf die Knöchel stützen, wie der Chimpanze, sondern sie ausstrecken und die Hand als Hebel brauchen. Wenn es die Stellung zum Gehen annimmt, soll der Körper sehr geneigt sein; es balancirt dann den grossen Körper dadurch, dass es die Arme nach oben einbiegt.

Fig. 11. Gorilla gehend (nach Wolf).

Sie leben in Gruppen, sind aber nicht so zahlreich wie die Chimpanzes: die Weibchen sind in der Regel in der Mehrzahl. Meine Berichterstatter stimmen alle in der Angabe überein, dass bei jeder Gruppe nur ein erwachsenes Männchen ist; dass beim Heranwachsen der jungen Männchen ein Kampf um die Herrschaft beginnt und das stärkste nach Tödtung oder Forttreiben der anderen sich als Oberhaupt der Gemeinde aufthut.«

Dr. S a v a g e weist die Geschichten zurück, nach denen die Gorillas Weiber entführen und Elephanten besiegen sollen, und fährt dann fort:

»Ihre Wohnungen, wenn man sie so nennen kann, sind denen der Chimpanzes ähnlich, sie bestehen nur aus wenig Stäben und blätterigen Zweigen, die durch Aeste und Gabelzweige derselben gestützt werden; sie bieten keinen Schutz dar und werden nur eine Nacht benutzt.

Sie sind äusserst wild und stets offensiv in ihrem

Verhalten, sie fliehen nie vor dem Menschen, wie es der Chimpanze thut. Sie sind Gegenstände des Schreckens für die Eingebornen und werden von ihnen nie angegriffen, ausser zur Vertheidigung. Die wenigen, die gefangen wurden, wurden von Elephantenjägern und eingebornen Handelsleuten getödtet, als sie plötzlich auf ihrem Wege durch die Wälder über sie kamen.

Es wird erzählt, dass das Männchen, sobald es gesehen wird, einen schreckenerregenden Schrei ausstösst, der weit und breit durch den Wald klingt, ungefähr wie k h — e h ! k h — e h ! schrillend und gedehnt. Seine enormen Kinnladen öffnen sich bei jeder Expiration, die Unterlippe hängt über das Kinn herab, und der Haarkamm und die Kopfhaut sind über die Augenbrauen zusammengezogen, einen Anblick unbeschreiblicher Wildheit darbietend.

Die Weibchen und Jungen verschwinden schnell beim ersten Schrei. Das Männchen geht dann in grosser Wuth auf seinen Feind los, wobei es seine schrecklichen Schreie in schneller Aufeinanderfolge ausstösst. Der Jäger erwartet seine Annäherung mit angelegter Flinte; wenn er nicht sicher zielen kann, so lässt er das Thier den Lauf erfassen und feuert ab, wenn es denselben zum Munde führt (was es gewöhnlich thut). Sollte das Gewehr nicht losgehen, so wird der Lauf (einer gewöhnlichen Jagdflinte, welcher nicht stark ist) zwischen den Zähnen zermalmt, und der Zweikampf endet bald für den Jäger tödtlich.

Im wilden Zustande ist ihr Verhalten im Allgemeinen wie das des *Troglodytes niger*; sie bauen ihre Nester lose auf Bäumen, leben von ähnlichen Früchten und ändern ihren Aufenthaltsort, durch die Umstände gezwungen.«

Dr. S a v a g e ' s Beobachtungen werden durch die des Mr. F o r d bestätigt und erweitert, welcher eine interessante

Abhandlung über den Gorilla im Jahre 1852 der Akademie der Naturwissenschaften in Philadelphia mittheilte. In Bezug auf die geographische Verbreitung dieses grössten von allen menschenähnlichen Affen bemerkt Mr. F o r d:

»Das Thier bewohnt den Gebirgszug, welcher das Innere von Guinea durchsetzt, von Cameroon im Norden his nach Angola im Süden und ungefähr 100 Meilen landeinwärts, und der von den Geographen die Krystallberge genannt wird. Die Grenze, bis zu welcher im Süden und Norden das Thier vorkommt, bin ich nicht im Stande zu bestimmen. Doch liegt diese Grenze ohne Zweifel eine ziemliche Strecke weit nördlich von diesem Flusse (Gaboon). Ich konnte mich selbst auf einer neulichen Excursion in das Quellgebiet des Morney-Flusses (des »gefährlichen«), der einige sechzig Meilen von hier in das Meer mündet, von dieser Thatsache überzeugen. Mir wurde berichtet (und ich denke, glaubwürdig), dass sie auf den Bergen, von denen dieser Fluss entspringt, und weit nördlich davon zahlreich seien.

Nach Süden breitet sich diese Art bis zum Congoflusse aus, wie mir eingeborne Kaufleute erzählt haben, welche die Küste zwischen dem Gaboon und jenem Flusse besucht haben. Jenseits desselben fehlen mir Nachrichten. In den meisten Fällen findet sich das Thier nur in einiger Entfernung vom Meere, und kommt ihm nach meinen besten Nachrichten nirgends so nahe, als an der Südseite dieses Flusses, wo sie zehn Meilen vom Meere gefunden worden sind. Dies ist indessen erst neuerdings vorgekommen. Einige der ältesten Mpongwe-Männer theilten mir mit, dass es früher nur an den Quellen dieses Flusses gefunden worden sei, dass man es aber jetzt schon einen halben Tagemarsch von seiner Mündung finden könne. Früher bewohnte es nur den gebirgigen Kamm, den nur Buschmänner bewohnten, jetzt nähert es sich aber dreist den Mpongwe-Pflanzungen. Dies ist ohne Zweifel der Grund für die dürftigen Nachrichten aus früheren Zeiten, da die Gelegenheiten, Kenntniss von dem Thiere zu erlangen, nicht gefehlt haben; Kaufleute haben seit hundert Jahren diesen Fluss besucht, und Exemplare, wie sie innerhalb eines Jahres hierher gebracht wurden, würden nicht können gezeigt worden sein, ohne die Aufmerksamkeit selbst der Einfältigsten zu fesseln.«

Ein Exemplar, das Mr. F o r d untersuchte, wog ohne die Brust- und Baucheingeweide 170 Pfund und maass vier Fuss vier Zoll um die Brust. Dieser Schriftsteller beschreibt den Angriff des Gorilla so minutiös und malerisch — obgleich er nicht einen Augenblick vorgiebt, Zeuge der Scene gewesen zu sei —, dass ich versucht werde, diesen Theil seiner Abhandlung zur Vergleichung mit anderen Erzählungen ausführlich zu geben:

»Er stellt sich stets auf seine Füsse, wenn er einen Angriff macht, obgleich er seinem Gegner in gebückter Stellung sich nähert.

Obgleich er nie auf der Lauer liegt, so stösst er doch unmittelbar, wenn er einen Menschen hört, sieht oder spürt, seinen charakteristischen Schrei aus, bereitet sich zu einem Angriff vor und verfährt stets offensiv. Der Schrei, den er ausstösst, gleicht mehr einem Grunzen als einem Brummen und ist dem Schrei des Chimpanze ähnlich, wenn dieser gereizt wird, nur unendlich viel lauter. Er soll auf grosse Entfernungen hörbar sein. Seine Vorbereitung besteht darin, dass er die Weibchen und Jungen, von denen er gewöhnlich begleitet wird, in eine geringe Entfernung wegbringt. Er selbst kehrt indessen schnell zurück mit aufgerichtetem und vorstehendem Kamme, erweiterten Nasenlöchern und nach unten geworfener Unterlippe; zu gleicher Zeit stösst er seinen charakteristischen Schrei aus, gewissermaassen um seinen Gegner zu erschrecken. Wenn er nicht durch einen gutgezielten Schuss unfähig gemacht wird, so macht er sofort einen Anlauf und streckt den Gegner durch einen Schlag mit der flachen Hand, oder nachdem er ihn erst mit einem Griff gefasst hat, von dem kein Entkommen ist, zu Boden und zerreisst ihn mit seinen Zähnen.

Man sagt, er ergreift eine Flinte und zermalmt augenblicklich den Lauf zwischen seinen Zähnen. — Die wilde Natur dieses Thieres zeigt sich sehr gut in der nicht zu besänftigenden Verzweiflung eines hierhergebrachten Jungen. Es wurde sehr jung gefangen und vier Monate lang gehalten, auch viele Mittel angewendet, es zu zähmen; es war aber unverbesserlich, so dass es mich noch eine Stunde vor seinem Tode biss.«

Mr. F o r d bezweifelt die Geschichten von dem Häuserbauen und dem Elephantenverjagen und sagt, dass kein gut unterrichteter Eingeborner sie glaubt. Es sind Geschichten, die man Kindern erzählt.

Ich könnte noch andere Zeugnisse beibringen, die auf Aehnliches hinauskommen, aber, wie mir scheint, weniger sorgfältig abgewogen und gesichtet sind; solche finden sich in den Briefen der Herren F r a n q u e t und G a u t i e r L a b o u l l a y, die der bereits erwähnten Abhandlung J. G. St. H i l a i r e ' s angehängt sind.

Erinnert man sich dessen, was mit Bezug auf den Orang und den Gibbon bekannt ist, so scheinen mir die Angaben des Dr. S a v a g e und Mr. F o r d gerechter Weise keiner Kritik nach a priori Gründen ausgesetzt zu sein. Wir sahen, dass die Gibbons gern die aufrechte Stellung annehmen, der Gorilla ist aber viel besser zu dieser Stellung durch seine Organisation geschickt als die Gibbons; wenn die Kehlsäcke der Gibbons, wie es wahrscheinlich ist, von Bedeutung für den Umfang ihrer Stimme sind, die man eine halbe französische Meile weit hört, so kann der Gorilla, welcher ähnliche Säcke, nur stärker entwickelt besitzt und dessen Körpermasse das Fünffache eines Gibbons beträgt, wohl auf eine doppelt so grosse Entfernung gehört werden. Wenn der Orang mit seinen Händen kämpft, die Gibbons und Chimpanzes mit ihren Zähnen, so kann der Gorilla wahrscheinlich genug eins von beiden oder beides thun; auch ist nichts dagegen zu sagen, dass der Chimpanze oder Gorilla ein Nest baue, wenn bewiesen ist, dass der Orang-Utan diese Leistung beständig ausführt.

Bei all diesen, nun zehn bis fünfzehn Jahre alten, in aller Welt Besitz befindlichen Zeugnissen ist es nicht wenig zu verwundern, dass die Behauptungen eines neuern Reisenden, der, soweit sie den Gorilla betreffen, in der That wenig mehr thut, als auf seine Autorität die Angaben Savage's und Ford's zu wiederholen, so viel und so heftigen Widerspruch gefunden haben. Wenn man das abzieht, was schon vorher bekannt war, so ist die Summe und der Inhalt dessen, was Du Chaillu als einen Gegenstand seiner eigenen Beobachtung über den Gorilla behauptet, das, dass beim Vorgehen zum Angriff das grosse Thier seine Brust mit den Fäusten schlägt. Ich gestehe, ich sehe nichts sehr Unwahrscheinliches, oder eines Streites Werthes in dieser Angabe.

In Bezug auf die anderen menschenähnlichen Affen Afrikas sagt uns Du Chaillu absolut nichts vom Chimpanze nach eigener Beobachtung; er berichtet aber von einer kahlköpfigen Art oder Varietät, dem *Nschiego mbouve*, welche sich ein Obdach baut, und von einer anderen seltenen Form mit einem verhältnissmässig kleinen Gesicht, grossem Gesichtswinkel und einem eigenthümlichen, wie

»Kuuluu« klingenden Tone.

Da sich der Orang durch eine rohe Decke von Blättern schützt und der gewöhnliche Chimpanze nach der Angabe des so äusserst glaubwürdigen Beobachters, Dr. Savage, einen Laut von sich giebt wie »Whuu-whuu«, so ist der Grund für die summarische Zurückweisung, die Du Chaillu's Angaben über diesen Gegenstand gefunden haben, nicht einzusehen.

Wenn ich trotzdem davon abgesehen habe, Du Chaillu's Werk zu citiren, so ist es nicht, weil ich in seinen Angaben bezüglich der menschenähnlichen Affen irgend welche innere Unwahrscheinlichkeit gefunden hätte, noch weil ich irgend welchen Verdacht auf seine Wahrhaftigkeit zu werfen wünschte, sondern weil meiner Meinung nach seine Erzählung, so lange sie in ihrem gegenwärtigen Zustande unerklärter und scheinbar unerklärlicher Confusion sich befindet, keinen Anspruch auf originale Autorität betreffs irgend welchen Gegenstandes machen kann.

Es mag Alles wahr sein, es ist aber kein Beweis.

Fußnoten:

[1] Regnum Congo: hoc est Vera Descriptio Regni Africani quod tam ab incolis quam Lusitanis Congus appellatur, per Philippum Pigafettam, olim ex Edoardo Lopez acroamatis lingua Italica excerpta, nunc Latio sermone donata ab August. Cassiod. Reinio. Iconibus et imaginibus rerum memorabilium quasi vivis, opera et industria Joan. Theodori et Joan. Israelis de Bry, fratrum exornata Francofurti, MDXCVIII.

[2] »Ausgenommen dass ihre Beine keine Waden hatten.« — (Ed. 1626.) Und in einer Randnote: »Diese grossen Affen werden Pongo's genannt.«

[3] Purchas' Anmerkung. — Cap Negro ist 16 Grad südlich von der Linie.

[4] Purchas' Randbemerkung, p. 982: — »Der Pongo, ein riesiger Affe. Er erzählte mir bei einer Besprechung, dass einer dieser Pongos einen seiner Negerknaben wegnahm, der einen Monat mit ihnen lebte. Denn sie verletzen die nicht, die sie unvermuthet überraschen, ausgenommen sie sehen sie an, was jener vermied. Er sagte, ihre Grösse wäre die eines Mannes, ihre Dicke wäre zweimal so gross. Den Negerknaben habe ich gesehen. Was das andere Ungeheuer wäre, hat er zu schildern vergessen; auch kamen diese Papiere erst nach seinem Tode in meine Hände, sonst würde ich es bei unsern häufigen Besprechungen erfahren haben. Vielleicht meint er die erwähnten Pigmy Pongo-tödter.«

[5] Archives du Muséum, Tome X.

[6] Ich danke es dem Dr. Wright von Cheltenham, dessen palaeontologische Arbeiten so wohl bekannt sind, dass er diese interessante Reliquie zu meiner Kenntniss brachte. Tyson's Enkelin, wie es scheint, heirathete Dr. Allardyce, einen genannten Arzt in Cheltenham, und brachte ihm als Theil ihrer Mitgift das Skelet des »Pygmie« zu. Dr. Allardyce schenkte es dem Cheltenham Museum, und durch die freundlichen Bemühungen meines Freundes Dr. Wright liehen mir die Vorstände des Museums seine vielleicht merkwürdigste Zierde.

[7] »Mandrill« scheint »ein menschenähnlicher Affe« zu heissen, da das Wort »Drill« oder »Dril« vor Zeiten in England gebraucht wurde, um einen Affen oder Pavian zu bezeichnen. So finde ich in Blount's »Glossographia, or a Dictionary interpreting the hard words of whatsoever language now used in our refined English tongue ... very useful for all such as desire to understand what they read«, 1681 erschienen: »Dril: Werkzeug eines Steinarbeiters, womit er kleine Löcher in Marmor bohrt etc. Auch ein grosser ausgewachsener Affe oder Pavian wird so genannt.« In demselben Sinne wird »Drill« in Charleton's »Onomasticon Zoicon«, 1688, gebraucht. Die eigenthümliche Etymologie, die Buffon von dem Worte giebt, scheint kaum wahrscheinlich.

[8] Histoire naturelle, Suppl. Tome 7. 1789.

[9] Camper, Oeuvres, I, p. 56.

[10] Camper, Oeuvres, I, p. 64.

[11] Verhandelingen van het Bataviaasch Genootschap. Tweede Deel. Derde Druk. 1826.

[12] Briefe des Herrn v. Wurmb und des Herrn Baron v. Wollzogen. Gotha 1794.

[13] Vergl. Blumenbach, Abbildungen naturhistorischer Gegenstände, Nr. 12. 1810; und Tilesius, naturhistorische Früchte der ersten kaiserlich russischen Erdumsegelung, S. 115. 1813.

[14] In der weiteren Bedeutung des Wortes Orang und ohne die Frage vorher zu entscheiden, ob es mehr als eine Art Orang gebe.

[15] Vergl. »Observations on the external characters and habits of the Troglodytes niger« von Thom. N. Savage, »and on its organization« von Jeffries Wyman, in: Boston Journal of Natural History, Vol. IV. 1843–4; und »External characters, habits and osteology of Troglodytes Gorilla«, von denselben ebenda. Vol. V. 1847.

[16] »Man and monkies«, pag. 423.

[17] Wanderings in New South Wales. Vol. II. chap. VIII. 1834.

[18] Boston Journal of Natural History, Vol. I. 1834.

[19] Der grösste von Temminck erwähnte Orang-Utan maass im aufrechten Stehen vier Fuss; er erwähnt aber, so eben die Nachricht von dem Fange eines Orang erhalten zu haben, der fünf Fuss drei Zoll hoch war. Schlegel und Müller sagen, dass ihr grösstes altes Männchen aufrecht $1{,}25$ niederländische Elle mässe, vom Scheitel bis zur Zehenspitze $1{,}5$ Elle, der Umfang des Körpers ungefähr 1 Elle. Das grösste alte Weibchen war im Stehen $1{,}09$ Elle hoch. Das erwachsene Skelet im Museum des College of Surgeons würde, wenn es aufrecht stände, drei Fuss sechs bis acht Zoll vom Scheitel bis zur Sohle messen. Dr. Humphry giebt drei Fuss acht Zoll an als mittlere Höhe von zwei Orangs. Von siebzehn von Wallace untersuchten Orangs war der grösste vier Fuss zwei Zoll hoch von der Ferse bis zum Scheitel. Mr. Spencer St. John erzählt indess in seinem »Life in the Forests of the Far East« von einem Orang, der fünf Fuss zwei Zoll vom Kopfe zur Ferse, 15 Zoll Gesichtsbreite und 12 Zoll um das Handgelenk gemessen habe. Es scheint indess nicht, dass Mr. St. John diesen Orang selbst gemessen hat.

[20] Vergl. Wallace's Beschreibung eines Orangsäuglings in den »Annals of nat. Hist. für 1856«. Mr. Wallace gab seinem interessanten Pflegling eine künstliche Mutter von Büffelhaut, die Täuschung war aber zu gelungen. Die Erfahrung des Kindes lehrte es Haare mit Zitzen zu associiren, und da es die ersteren fühlte, verbrachte es sein Leben im vergeblichen Bemühen, die letzteren zu entdecken.

[21] »Sie sind die langsamsten und wenigst beweglichen von dem ganzen Affengeschlecht, und ihre Bewegungen sind überraschend ungeschickt und plump.« Sir James Brooke in dem »Proceedings of the Zoological Society«, 1841.

[22] Mr. Wallace's Beschreibung der Bewegungen des Orang stimmt fast genau hiermit überein.

[23] Sir James Brooke sagt in einem in den Proceedings of the Zoological Society für 1841 abgedruckten Briefe an Mr. Waterhouse: »So weit ich zu beobachten im Stande gewesen bin, kann ich über die Gewohnheiten der Orangs so viel bemerken, dass sie so langsam und träge sind, wie man sich nur vorstellen kann, und bei keiner Gelegenheit bewegten sie sich, als ich sie verfolgte, so schnell, dass ich nicht hätte in einem einigermaassen lichten Walde mit ihnen Schritt halten können; und selbst wenn Hindernisse von unten (wie das Waten halstief) sie eine Strecke vorausliessen, so hielten sie sicher an und liessen uns wieder herankommen. Ich habe nie den geringsten Versuch zur Vertheidigung gesehen, und das Holz, was um unsere Ohren raschelte, war durch ihr Gewicht abgebrochen, aber nicht geworfen, wie es von Manchen dargestellt wird. Wird der Pappan indessen zum Aeussersten getrieben, so muss er fürchterlich sein, und ein unglücklicher Mensch, der mit mehreren anderen einen grossen lebendig zu fangen versuchte, verlor zwei Finger, wurde auch ausserdem bedeutend ins Gesicht gebissen, während das Thier schliesslich seine Verfolger abschlug und entfloh.«

Auf der andern Seite behauptet Mr. Wallace, dass er mehreremale beobachtet habe, wie sie verfolgt Zweige herabgeworfen hätten. »Es ist wahr, dass er sie nicht nach einer Person wirft, sondern senkrecht herab; denn es leuchtet ein, dass ein Zweig nicht weit vom Gipfel eines hohen Baumes geworfen werden kann. In einem Falle unterhielt ein weiblicher Mias auf einem Durianenbaum für wenigstens zehn Minuten einen continuirlichen Schauer von Zweigen und den schweren dornigen Früchten, so gross wie ein 32-Pfünder, der uns äusserst wirksam von dem Baume entfernt hielt. Man konnte ihn dieselben abbrechen und herabwerfen sehen in scheinbar voller Wuth, in Zwischenräumen einen lauten grunzenden Ton ausstossend und augenscheinlich Ernst machend.« »On the habits of the Orang-Utan,« Annals of nat. hist. 1856. Diese Angabe wird man in völliger Uebereinstimmung mit dem oben citirten Briefe des Residenten Palm finden (s. S. 18.)

[24] On the Orang-Utan, or Mias of Borneo. Annals of natural history, 1856.

[25] Notice of the external characters and habits of Troglodytes Gorilla. Boston Journal of Natural History, 1847.

Afrikanischer Cannibalismus im sechszehnten Jahrhundert.

Beim Durchblättern von Pigafetta's Uebersetzung der Erzählung des Lopez, die ich oben citirt habe, traf ich auf eine so merkwürdige und unerwartete, um zwei und ein halbes Jahrhundert voraus gemachte Bestätigung eines der wunderbarsten Theile von Du Chaillu's Erzählung, dass ich nicht umhin kann, in einer Anmerkung die Aufmerksamkeit darauf zu lenken, obgleich ich bekennen muss, dass der Gegenstand streng genommen mit den behandelten Fragen in keiner Beziehung steht.

Fig. 12. Fleischerladen der Anziquen, Anno 1598.

Im fünften Capitel des ersten Buches der »Descriptio«, »über den nördlichen Theil des Königreichs Congo und seine Grenzen« wird ein Volk erwähnt, dessen König »Maniloango« heisst, und das unter dem Aequator, westlich bis zum Cap Lopez lebt. Dies scheint das Land zu sein, was nach Du Chaillu jetzt von den Ogobai und Bakalai bewohnt wird. — »Jenseits desselben wohnt ein anderes Volk, die »Anziquen« genannt, von unglaublicher Wildheit; denn sie essen einander und schonen weder Freunde noch Verwandte.«

Diese Menschen sind mit kleinen, dicht mit Schlangenhaut umwickelten Bogen bewaffnet, die mit Schilf oder Binsen bespannt sind. Ihre Pfeile, aus hartem Holz, kurz und dünn, werden mit grosser Schnelligkeit geschossen. Sie haben eiserne Aexte, deren Griffe mit Schlangenhaut umwunden sind, und Schwerter mit Scheiden aus demselben Stoff; zu Vertheidigungsschildern gebrauchen sie Elephantenhaut. In der Jugend schneiden sie ihre Haut ein, so dass Narben entstehen. »Ihre Fleischerläden sind mit Menschenfleisch gefüllt, statt mit Ochsen- oder Schaffleisch; denn sie essen die Feinde, die sie im Kampfe gefangen nehmen. Sie mästen, schlachten und verzehren auch ihre Sklaven, wenn sie nicht glauben, einen guten Preis für sie zu erhalten; überdies noch bieten sie sich zuweilen aus Lebensmüdigkeit oder Ruhmsucht (denn sie halten es für etwas Grosses und für das Zeichen einer edlen Seele, das Leben zu verachten) selbst als Speise an.

Es giebt allerdings viele Cannibalen, wie in Ostindien, in Brasilien und anderswo, aber keine solche wie diese; denn die anderen essen nur ihre Feinde, diese aber ihre eigenen Blutsverwandten.«

Die sorgfältigen Zeichner der Illustrationen zu Pigafetta haben ihr Möglichstes gethan, den Leser in den Stand zu setzen, sich nach diesem Bericht von den »Anziquen« ein lebhaftes Bild zu machen, und der beispiellose Fleischerladen in Fig. 12 ist das Facsimile eines Theils von ihrer Plate XII.

Du Chaillu's Bericht über die Fans stimmt eigenthümlich

mit dem überein, was Lopez hier von den Anziquen erzählt. Er spricht von ihren kleinen Bogen und Pfeilen, von ihren Aexten und Messern, »sinnreich mit Scheiden aus Schlangenhaut versehen.« »Sie tättowiren sich mehr als irgend ein anderer Stamm, den ich nördlich vom Aequator angetroffen habe.« Und alle Welt weiss, was Du Chaillu von ihrem Cannibalismus sagt: — »Unmittelbar darauf begegnete uns eine Frau, die alle Zweifel löste. Sie trug ein Stück eines menschlichen Schenkels, genau so wie wir zu Markte gehen und von dort einen Braten oder Beefsteak mitbringen würden.« Du Chaillu's Zeichner kann im Allgemeinen nicht des Mangels an Muth bei der Verkörperung der Angaben seines Verfassers angeklagt werden, und es ist zu bedauern, dass er bei so gutem Vorwande uns nicht mit einem passenden Gegenstück zu der Skizze der Gebrüder De Bry versehen hat.

II.

Ueber die Beziehungen des Menschen zu den nächstniederen Thieren.

Multis videri poterit, majorem esse differentiam Simiae et Hominis, quam diei et noctis; verum tamen hi, comparatione instituta inter summos Europae Heroës et Hottentottos ad Caput bonae spei degentes, difficillime sibi persuadebunt, has eosdem habere natales; vel si virginem nobilem aulicam, maxime comtam et humanissimam, conferre vellent cum homine sylvestri et sibi relicto, vix augurari possent, hunc et illam ejusdem esse speciei. — *Linnaei Amoenitates Acad. »Anthropomorpha.«*

Die Frage aller Fragen für die Menschheit — das Problem, welches allen übrigen zu Grunde liegt und welches tiefer interessirt als irgend ein anderes —, ist die Bestimmung der Stellung, welche der Mensch in der Natur einnimmt, und seiner Beziehungen zu der Gesammtheit der Dinge. Woher unser Stamm gekommen ist, welches die Grenzen unserer Gewalt über die Natur und der Natur Gewalt über uns sind, auf welches Ziel wir hinstreben: das sind die Probleme, welche sich von Neuem und mit unvermindertem Interesse jedem zur Welt geborenen Menschen darbieten. Die meisten von uns schrecken vor den Schwierigkeiten und Gefahren, welche den bedrohen, der selbstständig nach Antworten auf diese Räthsel sucht, zurück und begnügen sich damit, sie vollständig zu ignoriren oder den forschenden Geist unter dem Pfühl respectirter und respectabler Ueberlieferungen zu ersticken. In jedem Zeitalter hat es aber einen oder zwei ruhelose Geister gegeben, die mit jenem constructiven Talent gesegnet, das nur auf sicherer Grundlage bauen kann, oder vom blossen Geist der Zweifelsucht besessen, nicht im Stande sind, dem <u>ausgetretenen</u> und bequemen Pfad ihrer Vorgänger und Zeitgenossen zu folgen, und uneingedenk der Dornen und Steine ihre eigenen Wege gehen. Die Zweifler kommen zum Unglauben, welcher das Problem für ein unlösbares erklärt, oder zum Atheismus, welcher die Existenz irgend einer geordneten Fortschreitung und Leitung der Dinge leugnet: die Leute von Genie bringen Lösungen vor, welche in theologische oder philosophische Systeme auswachsen oder, in eine klangreiche Sprache gekleidet, die mehr verspricht als hält, die Gestalt der Dichtung des Zeitalters annehmen.

Jede solche Antwort auf die grosse Frage wird unwandelbar von den Nachfolgern dessen, der sie giebt, wenn nicht von ihm selbst, als vollständig und endgültig hingestellt; sie bleibt, sei es für ein Jahrhundert oder für zwei oder zwanzig, in grosser Autorität und Achtung; aber ebenso unwandelbar weist die Zeit nach, dass eine jede Antwort eine blosse Annäherung zur Wahrheit gewesen ist, die hauptsächlich in Folge der Unkenntniss derer, die sie empfingen, tolerirt wurde, aber völlig unerträglich wird, wenn sie an der Hand der erweiterten Kenntnisse ihrer Nachfolger geprüft wird.

In einem oft gebrauchten Gleichnisse wird eine Parallele zwischen dem Leben eines Menschen und der

Metamorphose einer Raupe in den Schmetterling gezogen; die Vergleichung dürfte aber noch passender und auch neuer sein, wenn man im Gleichniss an die Stelle des Lebens des Einzelnen den geistigen Fortschritt des Geschlechts setzt. Die Geschichte zeigt, dass der durch beständige Zufuhr von Kenntnissen genährte menschliche Geist periodisch für seine theoretischen Hüllen zu gross wird und sie durchbricht, um in neuen Bekleidungen zu erscheinen, wie die sich nährende und wachsende Larve von Zeit zu Zeit ihre zu enge Haut abstreift und eine andere, selbst wieder zeitweilige annimmt. Wahrlich, der entwickelte Zustand des Menschen scheint noch schreckbar fern zu liegen; jede Häutung ist aber ein gewonnener Schritt und deren sind schon viele gethan.

Seit dem Wiedererwachen der Gelehrsamkeit, womit die westeuropäischen Rassen in jenen Entwickelungsgang nach wahrer Wissenschaft eintraten, der von den griechischen Philosophen begonnen, in späteren Zeiten langer geistiger Stagnation oder höchstens Schwankung fast ganz zum Stillstand gekommen war, hat sich die menschliche Larve kräftig genährt und im Verhältniss hierzu gehäutet. Eine solche Larvenhaut von ziemlichem Umfang wurde im 16. Jahrhundert, eine andere gegen das Ende des 18. abgeworfen; und innerhalb der letzten fünfzig Jahre hat die ausserordentliche Zunahme jedes einzelnen Theiles der physikalischen Wissenschaften geistige Nahrung von so nahrhafter und reizender Art unter uns verbreitet, dass eine neue Häutung bevorzustehen scheint. Es ist dies aber ein Vorgang, der nicht ungewöhnlich von vielen Wehen und einiger Krankheit und Schwäche, oder wohl auch von grösseren Störungen begleitet wird; so dass sich jedes gutgesinnte Mitglied der bürgerlichen Gesellschaft für verbunden erachten muss, den Vorgang zu erleichtern, und, sollte es nichts weiter zur Hand haben als ein anatomisches

Messer, die berstende Hülle nach seinem besten Vermögen lüften zu helfen.

In dieser Pflicht liegt für mich die Entschuldigung, diese Abhandlungen zu veröffentlichen. Denn es wird zugegeben werden müssen, dass einige Kenntniss von der Stellung des Menschen in der belebten Natur eine unentbehrliche Vorbereitung für das richtige Verständniss seiner Beziehungen zur Gesammtheit der Dinge ist; — und diese selbst wiederum löst sich schliesslich in eine Untersuchung über die Natur und Enge der Beziehungen auf, welche ihn mit jenen sonderbaren Geschöpfen verbindet, deren Geschichte[26] auf den vorstehenden Seiten skizzirt wurde.

Die Bedeutung einer solchen Untersuchung ist durch sich selbst offenbar. Aber von Angesicht zu Angesicht jenen verzerrten Abbildern seiner selbst gegenübergebracht, ist sich selbst der gedankenloseste Mensch eines gewissen Schreckens bewusst, der vielleicht nicht sowohl Folge des Abscheus beim Anblick einer scheinbar beleidigenden Caricatur seiner selbst, sondern dem Erwachen eines plötzlichen und tiefen Misstrauens zuzuschreiben ist; eines Misstrauens gegen altehrwürdige Theorien und festgewurzelte Vorurtheile in Bezug auf seine eigene Stellung in der Natur und seine Beziehungen zu den unteren Schichten des Lebens; und während dies für den nicht weiter Nachdenkenden eine dunkle Ahnung bleibt, wird es für alle die, welche mit den neueren Fortschritten der anatomischen und physiologischen Wissenschaften bekannt sind, ein weiter, mit den tiefsten Consequenzen beschwerter Beweisgrund.

Ich beabsichtige nun, diesen Beweis anzutreten und in einer auch für die, welche keine specielle Bekanntschaft mit anatomischer Wissenschaft besitzen, verständlichen Form die hauptsächlichsten Thatsachen vorzuführen, auf welche alle Schlussfolgerungen über die Natur und den Umfang der Beziehungen, welche den Menschen mit der Thierwelt verbinden, basirt sein müssen; ich werde dann den einen unmittelbar sich daraus ergebenden Schluss andeuten, der meinem Urtheile nach durch jene Thatsachen gerechtfertigt wird, und werde zum Schlusse die Tragweite dieser Folgerung in Bezug auf die Hypothesen erörtern, die bis jetzt betreffs des Ursprungs des Menschen aufgestellt worden sind.

Obgleich die Thatsachen, auf die ich zunächst die Aufmerksamkeit des Lesers lenken möchte, von vielen anerkannten Lehrern des Volkes ignorirt werden, so sind sie doch leicht nachzuweisen und mit Uebereinstimmung von allen Männern der Wissenschaft angenommen; während andererseits ihre Bedeutung so gross ist, dass diejenigen, welche sie gehörig erwogen haben, meiner Meinung nach wenig andere biologische Offenbarungen finden werden, die sie überraschen können. Ich beziehe mich hier auf die Thatsachen, welche durch das Studium der Entwicklungsgeschichte bekannt geworden sind.

Es ist eine Wahrheit von sehr weiter, wenn nicht allgemeiner Gültigkeit, dass jedes lebende Geschöpf sein Leben in einer Form beginnt, welche einfacher und von der, die es später annimmt, verschieden ist.

Die Eiche ist ein zusammengesetzteres Ding als die kleine rudimentäre in der Eichel enthaltene Pflanze; die Raupe ist zusammengesetzter als das Ei, der Schmetterling zusammengesetzter als die Raupe; und jedes dieser Geschöpfe durchläuft beim Uebergang von seinem rudimentären zum vollkommenen Zustand eine Reihe von Veränderungen, deren Summe seine Entwicklung genannt wird. Bei den höheren Thieren sind diese Veränderungen äusserst complicirt; im Verlaufe des letzten halben

Jahrhunderts haben aber die Arbeiten von Männern, wie von Baer, Rathke, Reichert, Bischoff und Remak dieselben fast vollständig aufgeklärt, so dass die aufeinanderfolgenden Entwickelungszustände, eines Hundes z. B., jetzt dem Embryologen so bekannt sind, wie es die Verwandlungszustände des Seidenwurmes jedem Schulknaben sind. Es wird von Nutzen sein, aufmerksam die Natur und Reihenfolge der Entwickelungszustände des Hundes zu betrachten, als ein Beispiel dieses Vorganges bei höheren Thieren im Allgemeinen.

Der Hund beginnt, wie alle Thiere, mit Ausnahme der niedersten (und fernere Untersuchungen werden wahrscheinlich diese scheinbare Ausnahme noch beseitigen), sein Leben als ein Ei, als ein Körper, der in jeder Bedeutung ebenso gut ein Ei ist, als das der Henne, aber jene Anhäufung von nährender Substanz entbehrt, die dem Vogelei seine ausnahmsweise Grösse und häusliche Brauchbarkeit verleiht; ebenso fehlt ihm die Schale, die nicht bloss für ein Thier nutzlos wäre, das innerhalb des Körpers seiner Mutter ausgebrütet wird, sondern demselben auch die Erlangung der Nahrung unmöglich machen würde, die das junge Geschöpf bedarf, die aber das kleine Säugethier nicht in sich besitzt.

Das Hundeei ist ein kleines kugliges Bläschen (Fig. 13), aus einer zarten durchsichtigen Haut, der sogenannten *Dotterhaut*, gebildet und ungefähr $\frac{1}{130}$ bis $\frac{1}{120}$ Zoll im Durchmesser. Es enthält eine Masse zähflüssiger nährender Substanz, den »Dotter«, innerhalb dessen ein zweites noch viel zarteres kugliges Bläschen, das sogenannte »Keimbläschen« (*a*), eingeschlossen liegt. In diesem letzteren endlich liegt ein mehr solider rundlicher Körper, der sogenannte »*Keimfleck*« (*b*).

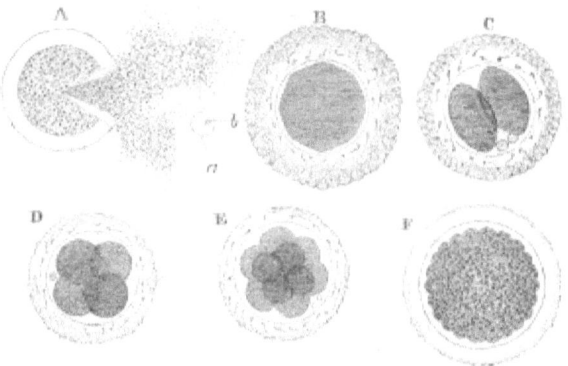

Fig. 13. A. Ein Hundeei, mit geborstener Dotterhaut, so dass der Dotter, das Keimbläschen (*a*) und der von diesem eingeschlossene Keimfleck (*b*) ausgetreten ist.

B. C. D. E. F. Aufeinanderfolgende Veränderungen des Dotters, wie im Text beschrieben wurde (nach Bischoff).

Das Ei oder »Ovum« wird ursprünglich in einer Drüse gebildet, aus der es sich zur passenden Zeit loslöst und in den lebendigen Behälter eintritt, der zu seinem Schutze und zu seiner Erhaltung während des längern Processes der Trächtigkeit eingerichtet ist. Unterliegt es den erforderlichen Bedingungen, so wird hier dieses äusserst kleine und scheinbar unbedeutende Theilchen lebender Substanz von einer neuen und geheimnissvollen Thätigkeit belebt. Das Keimbläschen und der Keimfleck hören auf erkennbar zu sein (ihr definitives Schicksal ist noch eins der ungelösten Probleme der Embryologie), der Dotter aber wird am Umfange eingeschnitten, als ob ein unsichtbares Messer rings um ihn gezogen worden wäre, und er erscheint nun in zwei Halbkugeln getheilt (Fig. 13, C).

Durch Wiederholung dieses Vorganges in verschiedenen Ebenen werden diese Halbkugeln weiter getheilt, so dass vier Segmente entstehen (D); diese theilen sich weiter und weiter, bis endlich der ganze Dotter in eine Menge von Körnchen umgewandelt ist, von denen jedes aus einem kleinen Kügelchen von Dottersubstanz besteht, das ein in der Mitte gelegenes Körperchen, den sogenannten »*Kern*«, einschliesst (F). Die Natur hat durch diesen Vorgang dasselbe Resultat erreicht, wie ein menschlicher Handwerker beim Anfertigen von Ziegeln. Sie nimmt das rohe plastische Material des Dotters und theilt es in passend geformte, ziemlich gleichgrosse Massen, fertig in den Aufbau irgend eines Theils des lebendigen Gebäudes einzutreten.

Zunächst erhält nun diese Masse organischer Bausteine oder »*Zellen*«, wie sie technisch genannt werden, eine bestimmte Anordnung; sie wird in ein kugliges Hohlbläschen mit doppelter Wandung verwandelt. Dann tritt auf einer Seite dieser Kugel eine Verdickung auf, und allmählich bezeichnet in der Mitte des verdickten Feldes eine gerade, seichte Rinne (Fig. 14, A) die Mittellinie des zu errichtenden Gebäudes, sie bezeichnet mit anderen Worten die Lage der Mittellinie des Körpers des künftigen Hundes. Die diese Rinne zu beiden Seiten einfassende Substanz erhebt sich dann zunächst in eine Falte, die Andeutung der Seitenwand jener langen Höhlung, welche später das Rückenmark und das Gehirn enthält; am Boden dieses Behälters erscheint ein solider zelliger Strang, die sogenannte »*Rückensaite*«. Das eine Ende der eingeschlossenen Höhlung erweitert sich zur Bildung des Kopfes (Fig. 14, B), das andere bleibt eng und wird später der Schwanz; die Seitenwände des Körpers bilden sich aus den nach abwärts gerichteten Verlängerungen der Wandungen jener Rinne; und von diesen aus wachsen kleine Knospen hervor, welche allmählich die Form von Gliedmaassen annehmen. Verfolgt man diesen Bildungsvorgang Schritt für Schritt, so wird man stark an einen Bildner in Thon erinnert. Jeder Theil, jedes Organ wird zuerst gewissermaassen roh angelegt und nur aus dem Rohen skizzirt, dann sorgfältiger geformt, und erst zuletzt erhält es die Züge, die seinen definitiven Charakter ausmachen.

Auf diese Weise erhält mit der Zeit das junge Hündchen eine solche Gestalt, wie die in Fig. 14, C dargestellte. Auf diesem Zustande hat es einen unverhältnissmässig grossen Kopf, der dem Kopfe eines Hundes so ungleich ist, wie die knospenartigen Gliedmaassen den Beinen des Hundes ungleich sind.

Fig. 14. A. Früheste Anlage des Hundes. B. Anlage weiter vorgeschritten, die Grundlage des Kopfes, Schwanzes und der Wirbelsäule zeigend. C. Das ganz junge Hündchen, mit den befestigten Enden des Dottersacks und der Allantois, und vom Amnios umhüllt.

Die Ueberbleibsel des Dotters, die nicht auf die Nahrung und das Wachsthum des jungen Thieres verwandt wurden, sind in einen Sack eingeschlossen, der am rudimentären Darm befestigt ist und Dottersack oder »*Nabelbläschen*« genannt wird. Zwei häutige Blasen, beziehentlich zum Schutze und zur Ernährung des jungen Geschöpfes bestimmt, haben sich von der Haut und von der untern und hintern Fläche des Körpers aus entwickelt; die erstere, das sogenannte »*Amnios*«, ist ein mit Flüssigkeit gefüllter Sack, der den ganzen Körper des Embryo umhüllt und die Rolle einer Art von Wasserbad für ihn spielt; die andere, »*Allantois*« genannt, wächst, Blutgefässe tragend, von der Bauchgegend aus und legt sich später an die Wandung des Hohlraumes, in dem der sich entwickelnde Organismus enthalten ist, hierdurch jene Blutgefässe zu den Canälen machend, durch welche der Nahrungsstrom, der die Bedürfnisse des Jungen zu decken bestimmt ist, ihm von der

Mutter geliefert wird.

Das Gebilde, welches sich durch die Verschlingungen der Blutgefässe des Jungen mit denen der Mutter bildet und mittelst dessen das erstere in den Stand gesetzt wird, Nahrung zu erhalten und verbrauchte Stoffe zu entfernen, wird »Placenta« oder Mutterkuchen genannt.

Es wäre langweilig und für meinen gegenwärtigen Zweck unnöthig, den Fortschritt der Entwickelung weiter zu verfolgen; es genüge zu sagen, dass das hier beschriebene und abgebildete Rudiment durch eine lange und allmähliche Reihe von Veränderungen ein Hündchen wird, geboren wird und dann durch noch langsamere und weniger auffallende Schritte in einen erwachsenen Hund sich verwandelt.

Es besteht keine auffallende Aehnlichkeit zwischen einem Haushuhn und dem Hunde, der den Meierhof beschützt. Nichtsdestoweniger findet der, welcher die Entwickelung studirt, nicht bloss, dass das Hühnchen sein Leben als Ei beginnt, das ursprünglich in allen wesentlichen Beziehungen mit dem des Hundes identisch ist, sondern dass der Dotter einer Theilung unterliegt, dass sich die primitive Rinne bildet und dass die hieran stossenden Theile des Keimes, in genau ähnlicher Weise, in ein Hühnchen umgebildet werden, welches auf einem Zustande seiner Existenz dem werdenden Hunde so gleich ist, dass eine gewöhnliche Betrachtung die beiden kaum unterscheiden kann.

Die Entwickelungsweise irgend eines andern Wirbelthieres, einer Eidechse, Schlange, eines Frosches oder Fisches erzählt uns dieselbe Geschichte. Ueberall findet sich als Ausgangspunkt ein Ei mit derselben wesentlichen Structur wie das des Hundes: der Dotter dieses Eies erleidet überall eine Theilung, oder Segmentation, Furchung, wie es auch oft genannt wird; die letzten Producte dieser Theilung bilden die Baumaterialien für den Körper des jungen Thieres; und dieser wird um eine primitive Rinne angelegt, in deren Grunde sich eine Rückensaite entwickelt. Ferner giebt es eine Periode, auf welcher sich die Jungen aller dieser Thiere einander ähnlich sind, nicht bloss in äusserer Form, sondern in allen wesentlichen Stücken ihres Baues, und zwar so sehr, dass die Verschiedenheiten nur unbeträchtlich sind, während sie sich in ihrem weitern Verlaufe immer weiter und weiter von einander entfernen. Und es ist ein allgemeines Gesetz, dass, je mehr sich irgend welche Thiere in ihrem erwachsenen Bau einander ähnlich sind, desto länger und eingehender sich ihre Embryonen gleichen, so dass z. B. die Embryonen einer Schlange und einer Eidechse länger einander ähnlich bleiben, als die einer Schlange und eines Vogels; und die Embryonen eines Hundes und einer Katze bleiben einander eine längere Zeit ähnlich, als die eines Hundes und eines Vogels, oder die eines Hundes und einer Beutelratte, oder selbst als die eines Hundes und eines Affen.

Auf diese Weise bietet das Studium der Entwickelung einen deutlichen Beweis von der Nähe der Verwandtschaft im Bau dar, und wir wenden uns mit Ungeduld zu der Untersuchung, was für Resultate das Studium der Entwickelung des Menschen aufweist. Ist er etwas Besonderes? Entsteht er in einer ganz andern Weise als ein Hund, Vogel, Frosch und Fisch, giebt er damit denen Recht, welche behaupten, er habe keine Stelle in der Natur und keine wirkliche Verwandtschaft mit der niedern Welt thierischen Lebens? Oder entsteht er in einem ähnlichen Keim, durchläuft er dieselben langsamen und allmählichen progressiven Modificationen, hängt er von denselben Einrichtungen zum Schutz und zur Ernährung ab und tritt er endlich in die Welt mit Hülfe desselben Mechanismus? Die

Antwort ist nicht einen Augenblick zweifelhaft, und ist für die letzten dreissig Jahre nicht zweifelhaft gewesen. Ohne Zweifel ist die Entstehungsweise, sind die früheren Entwickelungszustände des Menschen identisch mit denen der unmittelbar unter ihm in der Stufenleiter stehenden Thiere: — ohne allen Zweifel steht er in diesen Beziehungen den Affen viel näher, als die Affen den Hunden.

Das menschliche Ei ist ungefähr $1/125$ Zoll im Durchmesser und kann mit denselben Worten beschrieben werden wie das des Hundes, so dass ich nur auf die zur Erläuterung seines Baues gegebene Figur (15, A) zu verweisen habe. Es verlässt das Organ, in dem es gebildet wurde, in einer ähnlichen Weise und tritt in die zu seiner Aufnahme vorbereitete Kammer in derselben Weise ein, da eben die Bedingungen zu seiner Entwickelung in jeder Hinsicht dieselben sind. Es ist bis jetzt nicht möglich gewesen (und es kann nur durch einen seltenen Zufall je möglich werden), das menschliche Ei auf einem so frühen Entwickelungszustand wie dem der Dottertheilung zu untersuchen, es ist aber Grund zu dem Schluss vorhanden, dass die Veränderungen, die es erleidet, mit denen identisch sind, die die Eier anderer Wirbelthiere darbieten; denn das Bildungsmaterial, aus dem der rudimentäre menschliche Körper zusammengesetzt wird, ist auf den frühesten Zuständen, die bis jetzt zur Beobachtung kamen, dasselbe wie das anderer Thiere. Einige dieser frühesten Zustände sind in Fig. 15 abgebildet, und sie sind, wie zu sehen ist, den sehr frühen Zuständen des Hundes genau vergleichbar; die merkwürdige Uebereinstimmung zwischen den beiden, welche mit dem Fortschritt, der Entwickelung selbst noch eine Zeit lang aufrecht erhalten wird, springt sofort in die Augen bei einer einfachen Vergleichung der Figuren mit denen auf Seite 71.

Es dauert in der That lange, ehe der Körper des jungen menschlichen Wesens von dem des jungen Hündchens leicht unterschieden werden kann; schon in einer ziemlich frühen Periode aber werden sie beide durch die verschiedene Form ihrer Anhänge unterscheidbar, des Dottersacks und der Allantois. Der erstere wird beim Hunde lang und spindelförmig, während er beim Menschen kugelig bleibt; die letztere erreicht beim Hunde eine ausserordentlich bedeutende Grösse, und die Gefässfortsätze, welche sich von ihr aus entwickeln und später die Grundlage zur Bildung der Placenta geben (gewissermaassen im mütterlichen Organismus Wurzel fassend, um aus ihm Nahrung aufzunehmen, wie die Wurzeln eines Baumes aus dem Boden Nahrung aufnehmen), werden in einer ringförmigen Zone angeordnet, während beim Menschen die Allantois verhältnissmässig klein bleibt und seine Gefässwürzelchen später auf einen scheibenförmigen Fleck beschränkt bleiben. Während daher die Placenta eines Hundes wie ein Gürtel ist, hat die des Menschen eine kuchenförmige Gestalt, woher auch ihr Name rührt.

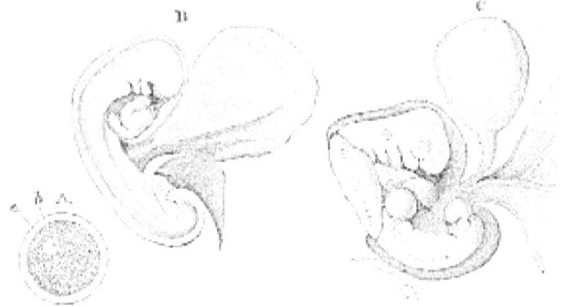

Fig. 15. A. Menschliches Ei (nach Kölliker). a. Keimbläschen, b. Keimfleck.

B. Sehr früher Entwickelungszustand des Menschen mit Dottersack, Allantois und Amnios (Original).

C. Ein späterer Zustand (nach Kölliker), vergl. Fig. 14. C.

Aber genau in diesen Beziehungen, in denen der sich entwickelnde Mensch vom Hunde verschieden ist, gleicht er dem Affen, der wie der Mensch einen kugeligen Dottersack und eine scheibenförmige, zuweilen theilweis gelappte Placenta besitzt.

Es ist daher erst in den späteren Entwickelungszuständen, dass das junge menschliche Geschöpf ausgeprägte Verschiedenheiten vom jungen Affen darbietet, während der letztere genau so weit in seiner Entwickelung vom Hunde abweicht, als es der Mensch thut.

So verwunderlich die letzte Behauptung auch klingen mag, so ist sie doch nachweisbar wahr; und dieser Umstand allein scheint mir hinreichend, die Einheit im Bau zwischen Menschen und der übrigen thierischen Welt, aber besonders die nahe Verwandtschaft mit den Affen ausser allen Zweifel zu setzen.

Wie der Mensch so mit den Thieren, die in der Stufenleiter unmittelbar unter ihm stehen, identisch ist in den physikalischen Vorgängen, durch welche er entsteht, identisch in den ersten Zuständen seiner Bildung, identisch in der Weise seiner Ernährung vor und nach der Geburt, — so zeigt er auch, in seinem erwachsenen Zustande mit jenen verglichen, wie zu erwarten war, eine merkwürdige Aehnlichkeit der Organisation. Er ist ihnen ähnlich in derselben Weise, wie sie einander ähnlich sind, er unterscheidet sich von ihnen, wie sie sich unter einander unterscheiden. Und obgleich diese Aehnlichkeiten und Verschiedenheiten nicht gewogen und gemessen werden können, so ist doch ihr Werth leicht zu schätzen; der Maassstab der Beurtheilung mit Bezug auf diesen Werth wird durch das classificatorische System dargeboten und ausgedrückt, welches jetzt unter den Zoologen geläufig ist.

Ein sorgfältiges Studium der von den Thieren dargebotenen Aehnlichkeiten und Verschiedenheiten hat in der That die Naturforscher dahin geführt, die Thiere in Gruppen anzuordnen oder in gewissen Kreisen zu vereinigen, wobei alle Glieder einer jeden Gruppe einen gewissen Betrag leicht bestimmbarer Aehnlichkeit darbieten, und wobei die Zahl der übereinstimmenden Punkte kleiner wird, je grösser die Gruppe wird und umgekehrt. So bilden alle Geschöpfe, welche nur in den wenig unterscheidenden Zeichen der Animalität übereinstimmen, das »Reich« Thiere, Animalia. Die zahlreichen Thiere, welche nur in dem Besitz der speciellen Charaktere der Wirbelthiere übereinstimmen, bilden ein »Unterreich« dieses Reiches. Dann wird weiter das Unterreich »Wirbelthiere« in fünf »Classen« eingetheilt, Fische, Amphibien, Reptilien, Vögel und Säugethiere, diese wieder in kleinere Gruppen, »Ordnungen« genannt, diese in »Familien« und »Gattungen«, während die letzteren in die kleinsten Vereinigungen aufgelöst werden, die durch den Besitz constanter, nicht geschlechtlicher Merkmale unterschieden werden. Diese letzten Gruppen sind die Arten, Species.

Jedes Jahr bringt eine grössere Gleichmässigkeit der Ansichten durch die ganze zoologische Welt in Bezug auf die Grenzen und Merkmale dieser grösseren und kleineren Gruppen mit sich. Gegenwärtig hat z. B. Niemand den geringsten Zweifel in Bezug auf die Merkmale der Classen: Säugethiere, Vögel oder Reptilien; noch entsteht die Frage, ob irgend ein durch und durch wohlgekanntes Thier in die eine oder in die andere Classe gestellt werden sollte. Ferner herrscht in Bezug auf die Charaktere und Grenzen der Ordnungen der Säugethiere eine allgemeine Uebereinstimmung, ebenso in Bezug auf die Thiere, welche von ihnen ihrem Baue nach in die eine Ordnung eingereiht werden müssen, und welche in eine andere.

Niemand zweifelt z. B., dass das Faulthier und der Ameisenfresser, das Känguruh und die Beutelratte, der Tiger und der Dachs, der Tapir und das Rhinoceros beziehentlich Glieder derselben Ordnungen sind. Diese einzelnen Paare können, und einige werden wirklich unendlich unter einander verschieden sein, und zwar in solchen Punkten, wie die Verhältnisse und der Bau ihrer Gliedmaassen, die Zahl der Rücken- und Lendenwirbel, die Anpassung ihres Baues an die Fähigkeit zu klettern, springen oder laufen, die Zahl und Form ihrer Zähne, und die Charaktere ihrer Schädel und des in diesen eingeschlossenen Gehirns. Aber bei all diesen Verschiedenheiten sind sie in allen bedeutenderen und fundamentalen Charakteren ihrer Organisation so nahe verwandt, und durch dieselben Merkmale von anderen Thieren so deutlich unterschieden, dass die Zoologen es eben für nothwendig halten, sie als Glieder einer Ordnung zusammenzustellen. Und wenn irgend ein neues Thier entdeckt würde, das keine grössere Verschiedenheiten vom Känguruh und der Beutelratte darböte, als diese unter einander haben, so würde der Zoolog nicht bloss logisch verbunden sein, es mit diesen in dieselbe Ordnung zu bringen, sondern er würde überhaupt gar nicht daran denken, etwas anderes zu thun.

Wir wollen einmal, diesen klaren Gang eines zoologischen Raisonnements vor Augen, versuchen, unsere Gedanken für einen Augenblick von unserer Stellung als Menschen loszumachen; wir wollen uns einmal in die Stelle wissenschaftlich gebildeter Bewohner des Saturn versetzen, die hinreichend mit solchen Thieren, wie sie jetzt die Erde bewohnen, bekannt sind. Wir wären bei einer Discussion über die Beziehungen dieser Thierwelt zu einem neuen und eigenthümlichen »aufrechten und federlosen Zweifüssler«, den irgend ein unternehmender Reisender, der die Schwierigkeiten des Raumes und der Schwerkraft überwunden hätte, von jenem entfernten Planeten wohl verwahrt, vielleicht in einem Fasse Rum zu unserer Betrachtung mitgebracht hätte. Wir würden alle sofort darin übereinkommen, ihn unter die Wirbelthiere und unter die Säugethiere zu stellen; und sein Unterkiefer, seine Backzähne und sein Gehirn würden uns nicht zweifeln lassen, dass die neue Gattung ihre systematische Stellung unter denjenigen Säugethieren finde, deren Junge während der Trächtigkeit mittelst einer Placenta ernährt werden, die wir daher placentale Säugethiere nennen.

Es würde uns ferner selbst die oberflächlichste Untersuchung sofort überzeugen, dass unter den Ordnungen der placentalen Säugethiere weder die Wale, noch die Hufthiere, noch die Faulthiere und Ameisenfresser, noch die fleischfressenden Katzen, Hunde und Bären, noch weniger die nagenden Ratten und Kaninchen oder die insectenfressenden Maulwürfe und Igel oder die Fledermäuse unsere neue Form »Homo« als Glieder ihrer selbst beanspruchen können.

Es würde daher nur eine einzige Ordnung zur Vergleichung übrig bleiben, die der Affen (das Wort im weitesten Sinne gebraucht), und die zu erörternde Frage würde sich dahin concentriren: — ist der Mensch von irgend welchen dieser Affen so verschieden, dass er eine Ordnung für sich bilden muss? Oder weicht er weniger von ihnen ab, als sie unter einander abweichen, und muss er deshalb seine Stelle in derselben Ordnung mit ihnen einnehmen?

Da wir glücklicherweise frei von jedem wirklichen oder eingebildeten persönlichen Interesse an den Resultaten der so veranstalteten Untersuchung wären, so würden wir daran gehen, die Gründe der einen wie der andern Ansicht gegeneinander abzuwägen, und zwar mit so viel Ruhe des Urtheils, als ob die Frage eine neue Beutelratte beträfe. Wir würden alle die Merkmale, durch welche unser neues Säugethier von den Affen abweicht, zu bestimmen versuchen, ohne sie vergrössern oder verkleinern zu wollen; und wenn wir fänden, dass diese unterscheidenden Merkmale von geringerem Werthe in Bezug auf den ganzen Bau wären, als die, welche gewisse Formen der Affen von anderen, nach allgemeiner Uebereinstimmung zu derselben Ordnung gehörigen Formen unterschieden, so würden wir ohne Zweifel die neu entdeckte irdische Gattung in dieselbe Gruppe einordnen.

Ich will nun daran gehen, die Thatsachen einzeln durchzugehen, welche mir keine andere Wahl zu lassen scheinen, als der letzterwähnten Eventualität zu folgen.

Es ist völlig sicher, dass die Affenform, welche dem Menschen in der Gesammtheit des ganzen Baues am nächsten kommt, entweder der Chimpanze oder der Gorilla ist; und da es für den Zweck meines gegenwärtigen Beweises von keiner praktischen Verschiedenheit ist, welcher zur Vergleichung einerseits mit dem Menschen, andererseits mit den übrigen Primaten[27] genommen wird, so wähle ich (so weit seine Organisation bekannt ist) den letzteren als ein jetzt in Prosa und Poesie so gefeiertes Thier, dass alle von ihm gehört haben und sich irgend ein Bild von seiner Erscheinung entworfen haben müssen. Ich werde so viele von den wichtigsten Differenzpunkten zwischen dem Menschen und diesem merkwürdigen Geschöpf aufnehmen, als der mir zur Disposition stehende Raum zu erörtern gestattet und die Beweisbedürfnisse erfordern; ich werde ferner den Werth und die Grösse dieser Differenzen untersuchen und mit denen vergleichen, welche den Gorilla von anderen Thieren derselben Ordnung trennen.

In den allgemeinen Verhältnissen des Körpers und der Gliedmaassen besteht ein merkwürdiger Unterschied zwischen dem Gorilla und dem Menschen, der sofort in die Augen springt. Die Schädelkapsel des Gorilla ist kleiner, der Rumpf grösser, die unteren Extremitäten kürzer, die oberen länger im Verhältniss als beim Menschen.

Ich finde, dass die Wirbelsäule eines völlig erwachsenen Gorilla, in dem Museum des königl. Collegiums der Wundärzte, der vorderen Krümmung entlang 27 Zoll misst, vom obern Rand des Atlas oder ersten Halswirbels bis zum untern Ende des Kreuzbeins, dass der Arm ohne die Hand 31½ Zoll, das Bein ohne den Fuss 26½, die Hand 9¾ Zoll, der Fuss 11¼ lang ist.

Nehmen wir mit anderen Worten die Länge der Wirbelsäule zu 100 an, so sind die Arme gleich 115, die Beine 96, die Hände 36, die Füsse 41.

Am Skelet eines männlichen Buschmann in derselben Sammlung sind die Verhältnisse zur Wirbelsäule, diese auf gleiche Weise gemessen und wieder zu 100 genommen, wie folgt: Arm 78, Bein 110, Hand 26, Fuss 32. Bei einer Frau derselben Rasse ist der Arm 83, das Bein 120, Hand und Fuss wie vorhin. Am Skelet eines Europäers fand ich den Arm 80, das Bein 117, die Hand 26, den Fuss 35.

Das Bein ist daher in seinem Verhältniss zur Wirbelsäule beim Gorilla nicht so verschieden von dem des Menschen, wie es auf den ersten Blick scheint, es ist beim erstern unbedeutend kürzer als die Wirbelsäule und zwischen $\frac{1}{10}$

und ⅕ länger als die Wirbelsäule beim letztern. Der Fuss ist länger und die Hand viel länger beim Gorilla; die grosse Verschiedenheit beruht aber in den Armen, welche beim Gorilla sehr viel länger als die Wirbelsäule sind, beim Menschen sehr viel kürzer als die Wirbelsäule.

Es entsteht nun die Frage, wie verhalten sich die anderen Affen in dieser Beziehung zum Gorilla, wenn wir die Länge der auf gleiche Weise gemessenen Wirbelsäule gleich 100 setzen. Bei einem erwachsenen Chimpanze ist der Arm nur 96, das Bein 90, die Hand 43, der Fuss 39, — es entfernen sich also Hand und Bein mehr von den menschlichen Verhältnissen, der Arm weniger, während der Fuss ungefähr dem des Gorilla gleichkommt.

Beim Orang sind die Arme sehr viel länger als beim Gorilla (122), während die Beine kürzer sind (89); der Fuss ist länger als die Hand (52 und 48) und beide sind viel länger im Verhältniss zur Wirbelsäule.

Bei den anderen menschenähnlichen Affen, den Gibbons, sind diese Verhältnisse noch weiter verändert; die Länge der Arme verhält sich zu der der Wirbelsäule wie 19 zu 11; auch sind die Beine um ein Drittel länger als die Wirbelsäule, so dass sie länger als beim Menschen sind, anstatt kürzer zu sein. Die Hand ist halb so lang als die Wirbelsäule; der Fuss, kürzer als die Hand, misst ungefähr $5/11$ der Wirbelsäulenlänge.

Es ist daher *Hylobates* um so viel länger in den Armen als der Gorilla, als der Gorilla in den Armen länger als der Mensch ist; während er auf der andern Seite um so viel in den Beinen länger als der Mensch ist, als der Mensch in den Beinen länger als der Gorilla ist, so dass er an sich selbst die extremsten Abweichungen von der mittleren Länge beider

Gliedmaassenpaare vereinigt (s. Titelbild).

Der Mandrill bietet einen mittleren Zustand dar, die Arme und Beine sind ungefähr in Länge gleich, und beide sind kürzer als die Wirbelsäule, während Hand und Fuss nahebei dasselbe Verhältniss zu einander und zur Wirbelsäule haben, als beim Menschen.

Beim Klammeraffen (*Ateles*) ist das Bein länger als die Wirbelsäule, der Arm länger als das Bein; und endlich ist bei jener merkwürdigen lemurinen Form, dem Indri (*Lichanotus*), das Bein ungefähr so lang als die Wirbelsäule, während der Arm nicht mehr als $^{11}/_{18}$ ihrer Länge beträgt; die Hand ist etwas weniger, der Fuss etwas mehr als ein Drittel der Länge der Wirbelsäule lang.

Diese Beispiele können sehr vervielfältigt werden; die mitgetheilten reichen für den Nachweis hin, dass, in welchen Verhältnissen der Gliedmaassen auch der Gorilla vom Menschen abweichen mag, die anderen Affen noch weiter vom Gorilla abweichen, und dass folglich solche Verschiedenheiten der Proportionen keinen Ordnungswerth haben können.

Wir wollen zunächst die vom Rumpfe dargebotenen Verschiedenheiten betrachten, welche aus der Wirbelsäule oder dem Rückgrat und den Rippen und dem Becken, die mit jenem verbunden sind, bestehen, und zwar beziehentlich beim Menschen und beim Gorilla.

Beim Menschen hat die Wirbelsäule, zum Theil in Folge der Anordnung der Gelenkflächen der einzelnen Wirbel, zum grossen Theil in Folge der elastischen Spannung einiger der faserigen Bänder oder Ligamente, welche diese Wirbel unter einander verbinden, als ein Ganzes eine elegante S-förmige Krümmung, sie ist am Halse nach vorn convex, am Rücken concav, an den Lendenwirbeln convex und endlich wieder concav in der Kreuzbeingegend, eine Anordnung, die dem ganzen Rückgrat eine grosse Elasticität giebt und den bei der Bewegung in aufrechter Stellung der Wirbelsäule und durch diese dem Kopfe mitgetheilten Stoss vermindert.

Unter gewöhnlichen Umständen hat ferner der Mensch sieben Wirbel in seinem Halse; darauf folgen zwölf, welche Rippen tragen und den obern Theil des Rückens bilden, weshalb man sie Rückenwirbel (Dorsalwirbel) nennt; fünf liegen in der Lendengegend und tragen keine freien oder besonderen Rippen, dies sind die Lendenwirbel (Lumbarwirbel); diesen folgen fünf zu einem grossen vorn ausgehöhlten, fest zwischen die Hüftbeine eingekeilten Knochen vereinigte Wirbel, die den Rückentheil des Beckens bilden und als Kreuz- oder Heiligenbein (sacrum) bekannt sind; und endlich bilden drei oder vier kleine mehr oder weniger bewegliche Knochen, ihrer Kleinheit wegen unbedeutend, den Coccyx oder rudimentären Schwanz.

Beim Gorilla ist die Wirbelsäule ähnlich in Hals-, Rücken-, Lendenwirbel, Kreuzbein- und Schwanzwirbel eingetheilt, und die Gesammtzahl der Hals- und Rückenwirbel zusammengenommen ist dieselbe wie beim Menschen; aber die Entwickelung eines freien Rippenpaares am ersten Lendenwirbel, die ein ausnahmsweises Vorkommen beim Menschen bildet, ist beim Gorilla die Regel, und da die Rücken von den Lendenwirbeln durch die Anwesenheit oder das Fehlen von freien Rippen unterschieden werden, werden die siebzehn Dorsolumbarwirbel des Gorilla in <u>dreizehn</u> Rücken- und vier Lendenwirbel getheilt, während beim Menschen zwölf Rücken- und fünf Lendenwirbel vorhanden sind.

Es besitzt indessen nicht bloss der Mensch gelegentlich

dreizehn Rippenpaare[28], sondern der Gorilla hat auch zuweilen vierzehn Paar, während andererseits ein Orang-Utanskelet im Museum des königl. Collegiums der Wundärzte wie der Mensch zwölf Dorsal- und fünf Lumbarwirbel hat. Cuvier giebt dieselbe Zahl bei einem *Hylobates* an. Auf der andern Seite besitzen viele der niederen Affen zwölf Rücken- und sechs oder sieben Lendenwirbel; der Douroucouli (*Nyctipithecus trivirgatus*) hat vierzehn Rücken- und acht Lendenwirbel, und ein Lemur (*Stenops tardigradus*) fünfzehn Rücken- und neun Lendenwirbel.

Die Wirbelsäule des Gorilla als Ganzes weicht von der des Menschen in dem weniger ausgesprochenen Charakter ihrer Krümmungen ab, besonders in der geringeren Convexität der Lendengegend. Nichtsdestoweniger sind die Krümmungen vorhanden und sind an jungen Skeletten des Gorilla und Chimpanze, die ohne Entfernung der Bänder aufgestellt worden sind, sehr augenfällig. Bei ähnlich präparirten jungen Orangs ist dagegen die Wirbelsäule in der ganzen Ausdehnung der Lendengegend entweder gerade oder selbst nach vorn concav.

Ob wir nun diese Charaktere nehmen oder solche untergeordnetere, wie die aus der proportionalen Länge der Dornfortsätze der Halswirbel abzuleitenden oder ähnliche andere, so kann doch irgend welcher Zweifel mit Bezug auf die ausgesprochene Verschiedenheit des Menschen und des Gorilla nicht bestehen; ebensowenig aber darüber, dass gleich scharf ausgeprägte Verschiedenheiten derselben Art zwischen dem Gorilla und den niederen Affen obwalten.

Das Becken oder der knöcherne Gürtel an den Hüften des Menschen ist ein auffallend menschlicher Theil seines ganzen Baues; die verbreiterten Hüftbeine bieten eine Stütze für seine Eingeweide während seiner beständig aufrechten

Stellung, und Raum zu Ansatz für die grossen Muskeln dar, die ihn befähigen jene Stellung anzunehmen und zu behaupten. In dieser Hinsicht weicht das Becken des Gorilla bedeutend von dem seinigen ab (Fig. 16). Man braucht aber nicht tiefer hinunter zu gehen, als bis zu dem Gibbon, um zu sehen, wie unendlich mehr dieser vom Gorilla abweicht, als der letztere vom Menschen, selbst in diesem Gebilde. Man betrachte nur die platten, schmalen Hüftbeine, den langen und engen Beckencanal, die rauhen, nach auswärts gekrümmten Sitzbeinhöcker, auf denen der Gibbon beständig ruht, und die aussen von den sogenannten Schwielen bekleidet sind, derben Hautstellen, die beim Gorilla, beim Chimpanze, beim Orang fehlen, wie beim Menschen!

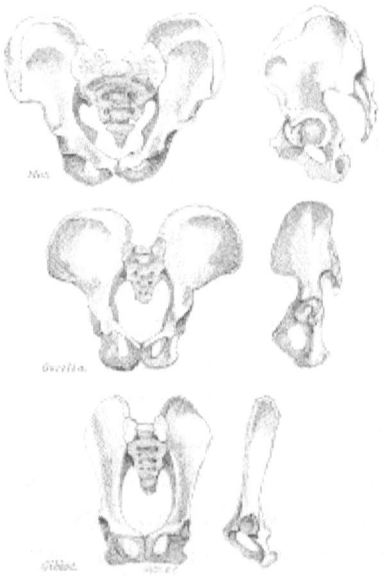

Fig. 16. Ansichten des Beckens vom Menschen, Gorilla und Gibbon von vorn und von der Seite; nach Zeichnungen von Mr. Waterhouse Hawkins nach der Natur verkleinert, von derselben absoluten Länge.

Bei den niederen Affen und den Lemuren wird der Unterschied noch auffallender; das Becken nimmt hier durchaus den Charakter der Vierfüsser an.

Wir wollen uns aber jetzt zu einem edleren und charakteristischeren Organ wenden, — durch das der menschliche Körper so streng von allen übrigen geschieden zu werden scheint und wirklich geschieden wird, — ich meine den Schädel. Die Verschiedenheiten zwischen dem Schädel eines Gorilla und dem eines Menschen sind in der That ungeheuer (Fig. 17). Bei dem erstem überwiegt das vorzüglich von den massiven Kieferknochen gebildete Gesicht über die Gehirnkapsel oder den eigentlichen Schädel, beim letztem ist das Verhältniss der beiden Hälften umgekehrt. Beim Menschen liegt das grosse Hinterhauptsloch, durch welches der grosse das Gehirn mit den Körpernerven verbindende Nervenstrang, das Rückenmark, durchtritt, unmittelbar hinter der Mitte der Basis des Schädels, welcher hierdurch in der aufrechten Stellung genau balancirt wird; beim Gorilla liegt es im hintern Dritttheil jener Basis. Beim Menschen ist die Oberfläche des Schädels verhältnissmässig glatt und die Augenbrauenhöcker ragen nur wenig vor, während beim Gorilla ungeheure Knochenleisten auf dem Schädel entwickelt sind und die Augenbrauenhöcker die Augenhöhlen wie grosse Wetterdächer überragen.

Durchschnitte durch die Schädel zeigen indessen, dass einige der scheinbaren Mängel des Gorillaschädels in der That nicht von einer Kleinheit der Schädelkapsel als vielmehr von einer excessiven Entwickelung der Gesichtstheile herrühren. Die Schädelhöhle ist nicht übel gebildet und die Stirn ist nicht wirklich abgeplattet und nicht sehr stark zurücktretend, ihre in der That wohlausgebildete Wölbung ist einfach durch die Masse von

Knochen, die an sie hinangebaut ist, maskirt.

Die Dächer der Augenhöhlen steigen aber schräger in die Schädelhöhle auf und vermindern hierdurch den Raum für den untern Theil der vordern Lappen des Gehirns, auch ist der absolute Rauminhalt des Schädels viel kleiner als beim Menschen. So viel mir bekannt ist, ist bis jetzt noch kein menschlicher Schädel, von einem erwachsenen Manne, mit einem geringern cubischen Inhalt als 62 Cubikzoll beobachtet worden; der kleinste unter allen Rassenschädeln, den Morton untersucht hat, enthielt 63 Cubikzoll, während auf der andern Seite der geräumigste Gorillaschädel, der bis jetzt gemessen worden ist, nicht mehr als 34½ Cubikzoll Inhalt hatte. Wir wollen der Einfachheit wegen annehmen, dass der niedrigste Menschenschädel einen doppelt so grossen Rauminhalt hat, als der höchste Gorillaschädel[29].

Dies ist ohne Zweifel ein sehr auffallender Unterschied, er verliert aber viel von seinem scheinbaren systematischen Werthe, wenn er im Lichte gewisser anderer gleichfalls unbezweifelbarer Thatsachen betreffs der Schädelmaasse betrachtet wird.

Die erste derselben ist die, dass die Verschiedenheit im Umfange der Schädelhöhle bei verschiedenen Rassen des Menschengeschlechts absolut viel grösser ist, als die zwischen dem niedersten Menschen und dem höchsten Affen, während sie relativ ungefähr dieselbe ist. Der grösste von Morton gemessene menschliche Schädel enthielt nämlich 114 Cubikzoll, das heisst also, hatte sehr nahe den doppelten Inhalt des kleinsten, während sein absolutes Uebergewicht von 52 Zoll bei weitem grösser ist, als die Differenz, um welche der niedrigste erwachsene menschliche männliche Schädel den grössten Gorillaschädel übertrifft (62- 34½ = 27½). Zweitens differiren die bis jetzt gemessenen Gorillaschädel untereinander um beinahe ein Drittel, der grösste Inhalt ist 34,5 Cubikzoll, der kleinste nur 24 Cubikzoll; und drittens sinken, wenn man selbst die Differenz der Grösse gehörig in Rechnung bringt, die Schädelinhalte einiger der niederen Affen relativ nahebei so weit unter die der höheren Affen, wie diese unter die des Menschen.

Die Menschen weichen daher selbst in diesem wichtigen Zuge des Schädelinhaltes viel weiter untereinander ab, als von den Affen, während die niedrigsten Affen im Verhältniss ebensoweit von den höchsten abweichen, wie diese vom Menschen. Der letzte Satz wird noch besser erläutert durch das Studium der Modificationen, welche andere Theile des Schädels in der Affenreihe erleiden.

Fig. 17. Durchschnitte der Schädel des Menschen und verschiedener Affen, so gezeichnet, dass in jedem Falle die Gehirnhöhle dieselbe Länge hat, wobei das wechselnde Verhältniss der

Gesichtsknochen deutlich wird. Die Linie *b* giebt die Ebene des Tentorium an, welches das grosse vom kleinen Gehirn trennt; *d* die Axe des Hinterhauptsloches des Schädels. Die Ausdehnung der Gehirnhöhle hinter *c*, welches eine auf *b* in dem Punkte, wo das Tentorium hinten befestigt ist, errichtete Senkrechte ist, giebt den Grad an, in welchem das grosse Gehirn das kleine überragt, der vom letzten eingenommene Raum ist durch die dunkle Schraffirung bezeichnet. Vergleicht man diese Zeichnungen, so muss man sich daran erinnern, dass Figuren in einem so kleinen Maassstabe wie diese nur die im Texte gemachten Angaben beispielsweise zu erläutern bestimmt sind, deren Beweise in den Schädeln selbst gesucht werden müssen.

Es ist die bedeutende relative Grösse der Gesichtsknochen und das bedeutende Vorspringen der Kinnladen, welche dem Gorillaschädel seinen kleinen Gesichtswinkel und thierischen Charakter verleihen.

Betrachten wir aber die proportionale Grösse der Gesichtsknochen nur zu dem eigentlichen Schädel, so differirt die kleine *Chrysothrix* (Fig. 17) sehr weit vom Gorilla, und zwar nach derselben Seite wie der Mensch, während die Paviane (*Cynocephalus*, Fig. 17) die starken Proportionen der Schnauze des grossen Anthropoiden noch übertreiben, so dass des letztern Gesicht im Vergleich mit dem ihrigen mild und menschlich aussieht. Die Verschiedenheit zwischen dem Gorilla und dem Pavian ist selbst grösser, als sie auf den ersten Blick scheint; denn bei dem ersten kommt die grosse Gesichtsmasse zum grossen Theil auf Rechnung einer Entwickelung der Kinnladen nach unten; dies ist aber eine wesentlich menschliche Eigenthümlichkeit, die hier zu der wesentlich thierischen Entwickelung derselben Theile beinahe nur nach vorn hinzukommt, welche den Pavian charakterisirt, noch merkwürdiger aber den Lemur auszeichnet.

In ähnlicher Weise liegt das Hinterhauptsloch bei *Mycetes* (Fig. 17) und noch mehr bei den Lemuren vollständig auf der hintern Fläche des Schädels, oder um so viel weiter hinten als das des Gorilla, als das des Gorilla weiter hinten liegt als das des Menschen; und als ob die Fruchtlosigkeit des Versuchs, irgend eine grössere classificatorische Eintheilung auf einen solchen Charakter zu gründen, dargelegt worden sollte, so enthält dieselbe Gruppe der Platyrhinen oder amerikanischen Affen (Affen der neuen Welt), zu der der *Mycetes* gehört, auch die *Chrysothrix*, deren Hinterhauptsloch viel weiter nach vorn liegt als bei irgend einem andern Affen, und fast der Lage beim Menschen sich nähert.

Ferner hat der Schädel des Orang ebensowenig jene excessiven Augenbrauenhöcker als der des Menschen, obgleich einige Varietäten grosse Knochenleisten an anderen Stellen des Schädels entwickeln (s. oben S. [46](#)); und bei manchen Formen der *Cebus*-artigen Affen und bei *Chrysothrix* ist der Schädel so glatt und abgerundet wie der des Menschen selbst.

Was von diesen leitenden Merkmalen des Schädels gilt, gilt ebenso gut, wie man sich vorstellen kann, von allen untergeordneten Zügen, so dass für jede constante Verschiedenheit zwischen dem Schädel des Gorilla und dem des Menschen eine ähnliche constante Differenz derselben Ordnung (das heisst, in einem Excess oder einem Mangel derselben Eigenschaft bestehend) zwischen dem Schädel des Gorilla und dem irgend eines andern Affen gefunden werden kann. Es gilt daher für den Schädel nicht weniger als für das ganze Skelet der Satz, dass die Verschiedenheiten zwischen dem Menschen und dem Gorilla von geringerem Werthe sind, als die zwischen dem Gorilla und manchen anderen Affen.

Im Anschluss an den Schädel will ich noch von den Zähnen sprechen, — Organe, die einen eigenthümlichen classificatorischen Werth haben und deren Aehnlichkeiten und Verschiedenheiten an Zahl, Form und Aufeinanderfolge, als ein Ganzes genommen, gewöhnlich für zuverlässigere Zeichen der Verwandtschaft betrachtet werden, als irgend welche andere.

Der Mensch wird mit zwei Folgen von Zähnen versehen — Milchzähne und bleibende Zähne. Die ersteren bestehen aus vier Incisoren oder Schneidezähnen, zwei Eck- oder Augenzähnen (Hundszähne, canini) und vier Backzähnen oder Mahlzähnen in jeder Kinnlade, was zusammen zwanzig giebt. Die letzteren (Fig. 18) umfassen vier Schneidezähne, zwei Eckzähne, vier kleine Backzähne, falsche Mahlzähne oder Praemolare genannt, und sechs grosse Back- oder Mahlzähne in jeder Kinnlade, was in Allem zwei und dreissig macht. Die inneren Schneidezähne sind grösser als das äussere Paar im Oberkiefer, kleiner als das äussere Paar im Unterkiefer. Die Kronen der oberen Mahlzähne zeigen vier Höcker oder stumpferhabene Spitzen, und eine Leiste geht quer über die Krone vom innern vorderen Höcker zum äussern hintern (Fig. 18 m^2). Die vorderen unteren Mahlzähne haben fünf Höcker, drei aussen, zwei innen. Die falschen Backzähne haben zwei Höcker, einen äussern und einen innern, von denen der äussere höher ist.

In allen diesen Beziehungen kann das Gebiss des Gorilla mit denselben Worten beschrieben werden wie das des

Menschen; in anderen Punkten aber bietet es viele und bedeutende Verschiedenheiten dar (Fig. 18).

So bilden die Zähne des Menschen eine regelmässige und ebene Reihe, ohne irgend eine Unterbrechung und ohne irgend ein merkliches Vorspringen eines Zahnes über die Reihe der übrigen, eine Eigenthümlichkeit, welche, wie Cuvier schon vor langer Zeit bemerkte, von keinem andern Thier getheilt wird, mit Ausnahme eines einzigen, und zwar eines vom Menschen so verschiedenen Geschöpfes, als man sich nur einbilden kann, nämlich von dem längst ausgestorbenen *Anoplotherium*. Die Zähne des Gorilla zeigen dagegen eine Unterbrechung oder einen Zwischenraum, *Diastema* genannt, in beiden Kinnladen: im Oberkiefer vor dem Augen- oder Eckzahn oder zwischen ihm und dem äussern Schneidezahn, im Unterkiefer hinter dem Augen- oder Eckzahn oder zwischen ihm und dem vordersten falschen Backzahn. In diese Unterbrechung der Reihe passt in jedem Kiefer der Eckzahn des entgegengesetzten Kiefers ein; dabei ist die Grösse des Eckzahns beim Gorilla so gross, dass er wie ein Stosszahn weit über das Niveau der andern Zähne vorragt. Ferner sind die Wurzeln der falschen Backzähne beim Gorilla complicirter als beim Menschen und die relative Grösse der Backzähne ist verschieden. Der Gorilla hat am hintersten Mahlzahn des Unterkiefers eine complicirtere Krone, und die Reihenfolge des Durchbrechens der bleibenden Zähne ist verschiedener; die bleibenden Eckzähne erscheinen vor den zweiten und dritten Backzähnen beim Menschen, beim Gorilla aber nach ihnen.

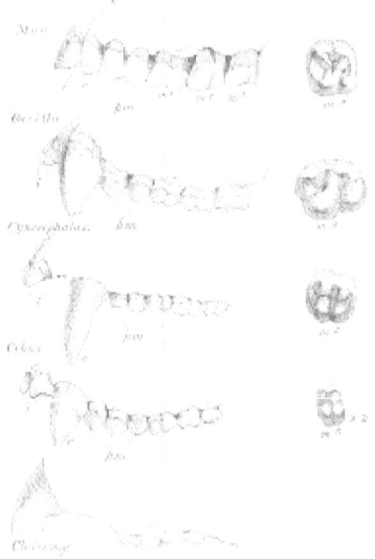

Fig. 18. Seitenansicht der Oberkiefer verschiedener Primaten von gleicher Länge. *i* Schneidezähne, *c* Eckzähne, *pm* falsche Backzähne, *m* Backzähne. Durch den ersten Backzahn des Menschen, *Gorilla*, *Cynocephalus* und *Cebus* ist eine Linie gezogen, und die Kaufläche des zweiten wahren Backzahnes ist bei jedem besonders gezeichnet, wobei der vordere und innere Winkel gerade über dem *m* in der Bezeichnung »m^2« steht.

Während daher die Zähne des Gorilla denen des Menschen in Zahl, Art und in der allgemeinen Form ihrer Kronen sehr ähnlich sind, bieten sie in untergeordneten Punkten, wie der relativen Grösse, Zahl der Wurzeln und Reihe des Auftretens ausgeprägte Verschiedenheiten dar.

Werden nun aber die Zähne des Gorilla mit denen eines Affen verglichen, der nicht weiter von ihm entfernt ist als ein *Cynocephalus* oder Pavian, so wird man finden, dass

Verschiedenheiten und Aehnlichkeiten derselben Ordnung leicht zu beobachten sind, dass aber gerade viele von den Punkten, in denen der Gorilla dem Menschen ähnlich ist, solche sind, in denen er vom Pavian abweicht, während verschiedene Beziehungen, in denen er vom Menschen abweicht, beim *Cynocephalus* viel stärker ausgeprägt sind. Die Zahl und Art der Zähne bleiben beim Pavian dieselben wie beim Gorilla und dem Menschen. Die Form der Kronen der oberen Backzähne beim Pavian ist aber von der oben beschriebenen völlig verschieden (Fig. 18); die Eckzähne sind relativ länger und mehr messerähnlich; der vordere falsche Backzahn des Unterkiefers ist besonders modificirt; der hintere Backzahn des Unterkiefers ist noch grösser und complicirter als beim Gorilla.

Wenden wir uns von den Affen der alten Welt zu denen der neuen Welt, so begegnen wir einer Veränderung, die eine noch grössere Bedeutung hat als irgend eine der genannten. Bei einer solchen Gattung, wie z. B. *Cebus* (Fig. 18), wird man finden, dass, während in untergeordneten Punkten, wie in dem Vorspringen der Eckzähne, dem Diastema, die Aehnlichkeit mit den grossen menschenähnlichen Affen noch bewahrt ist, die Bezahnung in anderen und äusserst wichtigen Punkten völlig verschieden ist. Anstatt 20 Milchzähne sind hier 24 vorhanden; anstatt 32 bleibender Zähne sind hier 36, da die Zahl der falschen Backzähne von acht auf zwölf gestiegen ist. In ihrer Form sind die Kronen der Backzähne denen des Gorilla sehr unähnlich und weichen noch weiter von der menschlichen Form ab.

Auf der andern Seite zeigen die Sahui's oder Marmosette (*Hapale*) dieselbe Zahl von Zähnen wie der Mensch und der Gorilla; aber nichtsdestoweniger ist ihr Gebiss doch sehr verschieden; sie haben vier falsche Backzähne mehr, wie die übrigen amerikanischen Affen; da sie aber vier wahre

Backzähne weniger haben, bleibt die Zahl dieselbe. Gehen wir dann von den amerikanischen Affen zu den Lemuren, so wird die Bezahnung noch vollständiger und wesentlicher von der des Gorilla verschieden. Die Schneidezähne fangen in Zahl und Form zu variiren an. Die Backzähne erhalten immer mehr und mehr den vielspitzigen Charakter der Insectenfresser, und in einer Gattung, dem Aye-Aye (*Cheiromys*), verschwinden die Eckzähne, und die Zähne gleichen völlig denen eines Nagethieres (Fig. 18).

Hieraus ist denn ersichtlich, dass das Gebiss des höchsten Affen, so weit es auch von dem des Menschen verschieden ist, doch noch viel weiter von dem der niederen und niedersten Affen abweicht.

Welchen Theil des thierischen Baues, welche Reihe von Muskeln, welche Eingeweide wir auch immer zur Vergleichung auswählen möchten, das Resultat würde immer dasselbe sein, die niederen Affen und der Gorilla würden verschiedener von einander sein als der Gorilla und der Mensch. Ich kann es an dieser Stelle nicht versuchen, alle diese Vergleichungen im Einzelnen durchzuführen, und es ist auch in der That nicht nöthig, dies zu thun. Es bleiben aber noch gewisse wirkliche oder nur gemuthmaasste anatomische Verschiedenheiten zwischen dem Menschen und den Affen übrig, auf welche so viel Gewicht gelegt worden ist, dass sie eine sorgfältige Betrachtung verdienen. Der wahre Werth der wirklich vorhandenen muss nachgewiesen, die Leere und Haltlosigkeit derer, welche nur in der Einbildung bestehen, aufgedeckt werden. Ich beziehe mich hier auf die Charaktere der Hand, des Fusses und des Gehirns.

Der Mensch ist charakterisirt worden als das einzige Thier, welches zwei Hände, in die die Vordergliedmaassen ausgehen, und zwei Füsse besitze, in denen die

Hintergliedmaassen enden, während angegeben worden ist, dass alle Affen vier Hände haben; ferner ist versichert worden, dass der Mensch in den Charakteren seines Gehirns fundamental von allen Affen differire, welches allein, wie wunderbar genug immer und immer wieder behauptet wurde, die Gebilde haben soll, die dem Anatomen als hinterer Lappen, hinteres Horn des Seitenventrikels und Hippocampus minor bekannt sind.

Dass der erstgenannte Satz allgemeine Annahme hat finden können, ist nicht überraschend, — es ist in der That auf den ersten Blick der Schein ganz zu seinen Gunsten: aber in Bezug auf den zweiten kann man nur den alles übertreffenden Muth seines Verkünders bewundern, da doch bewiesen werden kann, dass es eine Neuerung ist, die nicht bloss allgemein und mit Recht angenommenen Lehren widerspricht, sondern die durch das Zeugniss aller selbständigen Beobachter, die den Gegenstand besonders untersucht haben, verneint wird, und dass sie durch kein einziges anatomisches Präparat unterstützt worden ist noch je werden kann. Sie würde in der That keiner ernstlichen Zurückweisung werth sein, wäre es nicht des allgemeinen und natürlich sich aufdrängenden Glaubens wegen, dass wohl überlegte und wiederholt ausgesprochene Behauptungen irgend welchen Grund haben müssen.

Ehe wir den ersten Punkt mit Vortheil erörtern können, müssen wir den Bau der menschlichen Hand und den des menschlichen Fusses mit Aufmerksamkeit betrachten und mit einander vergleichen, so dass wir davon klare Vorstellungen erhalten, was eine Hand und einen Fuss ausmache.

Die äussere Form der menschlichen Hand ist Jedermann hinlänglich bekannt. Sie besteht aus einem starken Handgelenk, auf das eine breite aus Fleisch, Sehnen und Haut bestehende Handfläche folgt, in der vier Knochen verbunden sind, und welche sich in vier lange, biegsame Finger theilt, von denen jeder auf dem Rücken seines letzten Gliedes einen breiten abgeplatteten Nagel trägt. Der längste Spalt zwischen irgend zwei Fingern ist etwas weniger als halb so lang als die Hand. Von dem äussern Rande der Handfläche geht ein starker Finger ab, der nur zwei Glieder hat statt drei; er ist so kurz, dass er nur wenig über die Mitte des ersten Gliedes des nächsten Fingers reicht; ferner ist er durch seine grosse Beweglichkeit ausgezeichnet, in Folge deren er nach aussen gerichtet werden kann, fast unter einem rechten Winkel zu den übrigen. Dieser Finger wird »pollex« oder Daumen genannt, und wie die übrigen trägt er einen platten Nagel auf dem Rücken seines Endgliedes. In Folge der Verhältnisse und der Beweglichkeit des Daumens wird er, wie man sich ausdrückt, gegenüberstellbar; mit anderen Worten, seine Spitze kann mit grösster Leichtigkeit mit den Spitzen aller übrigen Finger in Berührung gebracht werden, eine Eigenschaft, auf der zum grossen Theile die Möglichkeit beruht, die Ideen, die wir uns bilden, praktisch ausführen zu können.

Die äussere Form des Fusses ist weit von der der Hand verschieden; und doch bieten beide, wenn näher betrachtet, einige eigenthümliche Aehnlichkeiten dar. So entspricht gewissermaassen die Ferse dem Handgelenk, die Sohle der Handfläche, die Zehen den Fingern, die grosse Zehe dem Daumen. Die Zehen, oder Finger des Fusses, sind aber im Verhältniss viel kürzer als die Finger der Hand, und weniger beweglich; dieser Mangel an Beweglichkeit fällt besonders bei der grossen Zehe auf, welche wiederum im Verhältniss zu den übrigen Zehen viel grösser ist als der Daumen zu den übrigen Fingern. Bei Betrachtung dieses Punktes dürfen wir indess nicht vergessen, dass die von Kindheit an eingeengte und gezwängte civilisirte grosse Zehe sehr unvortheilhaft zu sehen ist, und dass sie bei uncivilisirten und barfüssigen Völkern einen grossen Theil ihrer Beweglichkeit, selbst eine Art Gegenüberstellbarkeit beibehält. Mit ihrer Hülfe sollen die chinesischen Bootsleute rudern können, die bengalischen Handwerker weben, die Carajas Angelhaken stehlen; nach Allem muss man indess sich daran erinnern, dass der Bau ihrer Gelenke und die Anordnung ihrer Knochen nothwendig ihre Fähigkeit zum Greifen viel unvollkommener macht als die des Daumens.

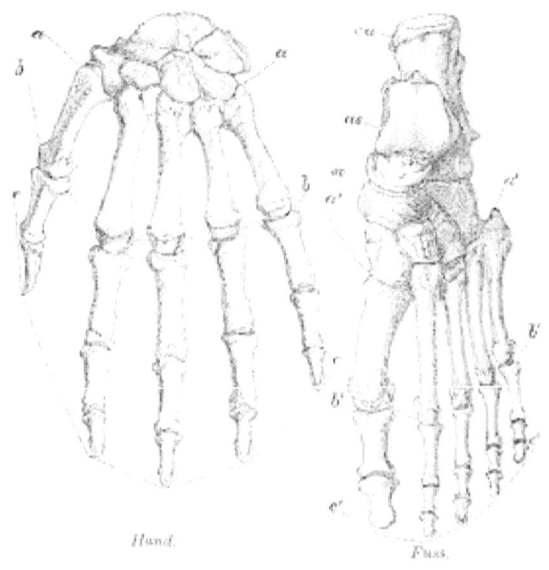

Fig. 19. Das Skelet der menschlichen Hand und des menschlichen Fusses nach Dr. Carter's Zeichnung in Gray's Anatomie verkleinert. Die Hand ist in einem grössern Maassstab gezeichnet als der Fuss. Die Linie *aa* in der Hand giebt die Grenze zwischen Handwurzel und Mittelhand an, *bb* die zwischen der letztern und den nächsten Fingergliedern; *cc* giebt die Enden der letzten Phalangen an. Die Linie *a'a'* im Fusse giebt die Grenze zwischen Fusswurzel und Mittelfuss, *b'b'* die zwischen letzterm und den nächsten Zehengliedern an; *c'c'* verbindet die Enden der letzten Glieder; *ca* Fersenbein, *as* Astragalus oder Sprungbein, *sc* Kahnbein oder Scaphoid in der Fusswurzel.

Um indessen eine genaue Vorstellung von den Aehnlichkeiten und Verschiedenheiten der Hand und des Fusses und von den unterscheidenden Merkmalen beider zu erhalten, müssen wir unter die Haut blicken und in beiden das knöcherne Gerüst und den motorischen Apparat vergleichen.

Das Skelet der Hand zeigt in der Gegend des Handgelenks, die technisch *Carpus*, Handwurzel, genannt wird, zwei Reihen dicht zusammengefügter vieleckiger Knochen, vier in jeder Reihe und nahezu gleich an Grösse. Die Knochen der ersten Reihe bilden mit den Knochen des Unterarms das Handgelenk und sind einer zur Seite des andern angeordnet, keiner die übrigen bedeutend überragend oder umfassend.

Die vier Knochen der zweiten Reihe der Handwurzel tragen die vier langen Knochen, welche die Handfläche stützen. Der fünfte Knochen derselben Art ist in einer viel freiern und beweglichern Art als die übrigen an seinem Handwurzelknochen eingelenkt und bildet die Basis des Daumens. Diese fünf Knochen heissen Mittelhand- oder *Metacarpal*-Knochen, und sie tragen die Phalangen oder knöchernen Fingerglieder, von denen zwei im Daumen, in den übrigen Fingern drei vorhanden sind.

In manchen Beziehungen ist das Skelet des Fusses dem der Hand sehr ähnlich. So hat jede der kleineren Zehen drei Phalangen, die grosse Zehe, die dem Daumen entspricht, nur zwei. Für jede Zehe ist ein langer Knochen, ein sogenannter *Metatarsal*-Knochen oder Mittelfussknochen vorhanden, der dem Mittelhand- oder Metacarpalknochen entspricht; und der *Tarsus*, die Fusswurzel, der dem Carpus oder der Handwurzel entspricht, zeigt vier kurze vieleckige Knochen in einer Reihe, die sehr nahe den vier Handwurzelknochen der zweiten Reihe entsprechen. In anderen Beziehungen weicht der Fuss sehr weit von der Hand ab. So ist die grosse Zehe die zweitlängste, und ihr

Mittelfussknochen weit weniger beweglich mit der Fusswurzel eingelenkt, als der Mittelhandknochen des Daumens mit der Handwurzel. Ein viel wichtigerer Unterschied wird aber durch die Thatsache gegeben, dass anstatt vier weiterer Fusswurzelknochen nur drei vorhanden sind, und dass diese drei nicht einer zur Seite des andern oder in einer Reihe angeordnet sind. Einer derselben, das Fersenbein (*ca*), liegt nach aussen und schickt rückwärts den grossen Fersenfortsatz ab; ein andrer, der Astragalus oder das Würfel- oder Sprungbein, ruht mit einer Fläche auf jenem, mit einer andern bildet er mit den Unterschenkelknochen das Knöchelgelenk, eine dritte Fläche endlich, die nach vorn gerichtet ist, wird von den drei inneren Fusswurzelknochen der zweiten, dem Metatarsus nächsten Reihe durch einen, Kahnbein oder Scaphoid genannten Knochen (*sc*) getrennt.

Vergleicht man die Fusswurzel und die Handwurzel mit einander, so besteht also hier ein fundamentaler Unterschied zwischen dem Bau der Hand und des Fusses; ferner beobachtet man gradweise Verschiedenheiten, wenn die Verhältnisse und die Beweglichkeit der Mittelfuss- und Mittelhandknochen mit ihren Zehen und Fingern mit einander verglichen werden.

Dieselben Classen von Differenzen treten zu Tage, wenn man die Muskeln der Hand mit denen des Fusses vergleicht.

Drei Hauptgruppen von Muskeln, die Flexoren oder Beuger, beugen die Finger und den Daumen, wie beim Ballen der Faust, und drei Gruppen, die Extensoren oder Strecker, strecken dieselben, wie beim geraden Ausstrecken der Finger. Diese Muskeln sind alle »lange Muskeln«, das heisst, der fleischige Theil eines jeden liegt und ist befestigt an den Knochen des Arms, setzt sich aber am andern Ende in Sehnen, rundliche Stränge, fort, welche in die Hand eintreten und endlich an den zu bewegenden Knochen befestigt werden. Wenn daher die Finger gebeugt werden, so ziehen sich die im Arme liegenden fleischigen Theile der Beugemuskeln der Finger kraft ihrer besonderen Eigenschaften als Muskeln zusammen; da sie hierdurch an den sehnigen Strängen ziehen, die mit ihren Enden zusammenhängen, so veranlassen sie diese, die Fingerknochen nach der Handfläche herunterzuziehen.

Es sind nicht bloss die Hauptbeuger der Finger und des Daumens lange Muskeln, sondern sie bleiben auch in ihrer ganzen Länge völlig von einander geschieden.

Am Fusse giebt es auch drei Hauptbeuger der Zehen, ebenso wie drei Hauptstreckmuskeln; der eine Beuger aber und der eine Strecker sind kurze Muskeln, das heisst, ihr fleischiger Theil liegt nicht im Unterschenkel (der dem Unterarm entspricht), sondern am Rücken und an der Sohle des Fusses, Gegenden, welche dem Rücken und der Fläche der Hand entsprechen.

Ferner bleiben die Sehnen des langen Zehenbeugers und des langen Beugers der grossen Zehe, wenn sie die Fusssohle erreichen, nicht von einander getrennt, wie es die Beugemuskeln in der Handfläche thun, sondern sie werden verbunden und in einer sehr merkwürdigen Weise vermengt, während ihre vereinigten Sehnen einen accessorischen Muskel erhalten, der am Fersenbein entspringt.

Das vielleicht absoluteste Unterscheidungsmerkmal bei den Fussmuskeln ist aber die Existenz des sogenannten langen Wadenbeinmuskels, des *Peronaeus longus*, eines langen, an dem äussern Röhrenknochen (dem Wadenbein) des Unterschenkels befestigten Muskels, der seine Sehne an den äussern Knöchel schickt, hinter und unter dem sie vorübergeht, den Fuss in einer schrägen Richtung kreuzt, um sich an der Basis der grossen Zehe anzuheften. Kein Muskel an der Hand entspricht diesem genau, der also vorzugsweise Fussmuskel ist.

Fassen wir das Gesagte zusammen, so unterscheidet sich der Fuss des Menschen von seiner Hand durch die folgenden absoluten anatomischen Unterschiede:

1. durch die Anordnung der Fusswurzelknochen;

2. durch den Besitz eines kurzen Beugemuskels und eines kurzen Streckmuskels;

3. durch den Besitz eines besondern Muskels, des langen Wadenbeinmuskels, *Peronaeus longus*.

Und wenn wir bestimmen wollen, ob die terminale Abtheilung einer Gliedmaasse bei anderen Primaten ein Fuss oder eine Hand genannt werden muss, so müssen wir uns durch das Vorhandensein oder Fehlen dieser Merkmale leiten lassen und nicht durch die blossen relativen Verhältnisse oder die grössere oder geringere Beweglichkeit der grossen Zehe, welche unendlich variiren kann ohne irgend welche fundamentale Aenderung in dem Bau des Fusses.

Wir wenden uns nun, diese Betrachtungen im Auge behaltend, zu den Gliedmaassen des Gorilla. Die terminale Abtheilung der Vorderextremität bietet keine Schwierigkeit dar; — Knochen für Knochen und Muskel für Muskel finden sich wesentlich ebenso angeordnet wie beim Menschen, oder mit solchen untergeordneten

Verschiedenheiten, wie sie beim Menschen als Varietäten auch gefunden werden. Die Hand des Gorilla ist plumper, schwerer und hat einen im Verhältniss etwas kürzern Daumen als die des Menschen; Niemand hat aber jemals daran gezweifelt, dass es eine wahre Hand ist.

Auf den ersten Blick sieht das Ende der Hinterextremität sehr handähnlich aus, und da dies bei vielen der niederen Affen noch mehr der Fall ist, so ist es nicht zu verwundern, dass der Ausdruck »Quadrumana« oder Vierhänder, den Blumenbach von den älteren Anatomen[30] annahm und Cuvier unglücklicherweise zur geläufigen Bezeichnung machte, eine so verbreitete Annahme als Name für die Gruppe der Affen finden konnte. Aber die oberflächlichste anatomische Untersuchung weist sofort nach, dass die Aehnlichkeit der sogenannten »hintern Hand« mit einer wirklichen Hand nur bis auf die Haut geht, nicht tiefer, und dass in allen wesentlichen Beziehungen die Hinterextremität des Gorilla so entschieden mit einem Fusse endigt wie die des Menschen. Die Fusswurzelknochen gleichen in allen wichtigen Beziehungen der Zahl, Anordnung und Form denen des Menschen (Fig. 20). Die Mittelfussknochen und Finger sind andererseits relativ länger und schlanker, während die grosse Zehe nicht bloss relativ kürzer und schwächer, sondern durch ein beweglicheres Gelenk mit ihrem Metatarsalknochen an die Fusswurzel gelenkt ist. Gleichzeitig steht der Fuss schräger am Unterschenkel als beim Menschen.

In Bezug auf die Muskeln, so ist ein kurzer Beuger, ein kurzer Strecker und ein langer Wadenbeinmuskel vorhanden, auch sind die Sehnen der langen Flexoren der grossen und der übrigen Zehen mit einander verbunden und haben ein accessorisches Muskelbündel.

Die hintere Gliedmaasse des Gorilla endet daher in einen

wahren Fuss mit einer sehr beweglichen grossen Zehe. Es ist allerdings ein Greiffuss, aber in keiner Weise eine Hand: es ist ein Fuss, der in keinem wesentlichen Charakter, sondern nur in bloss relativen Verhältnissen, im Grade der Beweglichkeit und der untergeordneten Anordnung seiner Theile von dem des Menschen abweicht.

Man darf nun indess nicht glauben, weil ich von diesen Differenzen als nicht fundamentalen spreche, dass ich ihren Werth zu unterschätzen suche. Sie sind in ihrer Art wichtig genug, da ja in jedem Falle der Bau des Fusses in strenger Beziehung zu den übrigen Theilen des Organismus steht. Auch kann nicht bezweifelt werden, dass die weitergehende Theilung der physiologischen Arbeit beim Menschen, so dass die Function des Stützens gänzlich dem Bein und Fuss übergeben ist, für ihn ein Fortschritt im Baue von grosser Bedeutung ist; nach Allem aber sind anatomisch betrachtet die Uebereinstimmungen zwischen dem Fusse des Menschen und dem Fusse des Gorilla viel auffallender und bedeutungsvoller, als die Verschiedenheiten.

Ich habe mich lange bei diesem Punkte aufgehalten, weil es einer ist, in Bezug auf den viele Täuschung besteht; ich hätte ihn aber ohne Nachtheil für meinen Beweis übergehen können, da ich dabei nur zu zeigen nöthig habe, dass, mögen die Differenzen zwischen der Hand und dem Fusse des Menschen und denen des Gorilla sein, welche sie wollen, — die Differenzen zwischen denen des Gorilla und denen der niedrigeren Affen noch viel grösser sind.

Wir brauchen nicht weiter in der Reihe hinabzusteigen als bis zum Orang, um hierfür einen entscheidenden Beweis zu erlangen.

Der Daumen des Orang weicht mehr von dem des Gorilla ab, als der Daumen des Gorilla von dem des Menschen abweicht, nicht bloss durch seine Kürze, sondern durch den Mangel irgend eines besondern langen Beugemuskels. Die Handwurzel des Orang enthält, wie die der meisten niederen Affen, neun Knochen, während sie beim Gorilla, wie beim Menschen und dem Chimpanze, nur acht enthält.

Der Fuss des Orang weicht noch mehr ab (Fig. 20); seine sehr langen Zehen und kurze Fusswurzel, kurze grosse Zehe und in die Höhe gerichtete Ferse, die grosse Schiefe der Gelenkverbindung mit dem Unterschenkel und der Mangel eines langen Beugemuskels für die grosse Zehe trennen denselben noch viel weiter vom Fusse des Gorilla, als der letztere vom Fusse des Menschen entfernt ist.

Bei einigen der niederen Affen entfernen sich Hand und Fuss noch weiter von denen des Gorilla, als sie es beim Orang thun. Bei den amerikanischen Affen hört der Daumen auf gegenüberstellbar zu sein; beim Klammeraffen (*Ateles*) ist er bis zu einem blossen von Haut bedeckten Rudiment verkümmert; bei den Sahuis ist er nach vorn gerichtet und wie die übrigen Finger mit einer gekrümmten Kralle versehen — so dass in allen diesen Fällen kein Zweifel darüber bestehen kann, dass die Hand von der des Gorilla verschiedener ist, als die des Gorilla von der des Menschen.

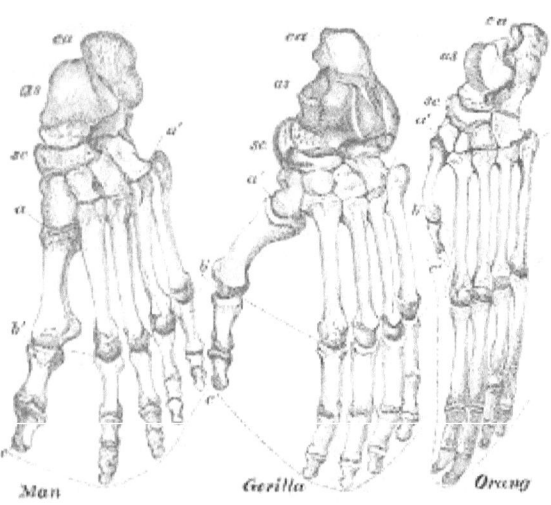

Fig. 20. Fuss des Menschen, Gorilla und Orang, von derselben absoluten Länge, um die relativen Verschiedenheiten in jedem zu zeigen. Buchstaben wie in Fig. 19. Verkleinert nach Originalzeichnungen von Waterhouse Hawkins.

Und mit Bezug auf den Fuss, so ist die grosse Zehe der Sahuis noch unbedeutender im Verhältniss als die des Orangs, während sie bei den Lemuren sehr gross und völlig daumenartig und gegenüberstellbar ist, wie beim Gorilla; bei diesen Thieren ist aber die zweite Zehe oft ganz unregelmässig modificirt, und in einigen Arten sind die zwei Hauptknochen der Fusswurzel, das Sprung- und Fersenbein, so ungeheuer verlängert, dass der Fuss in dieser Hinsicht dem irgend eines andern Thieres völlig unähnlich wird.

Dasselbe gilt für die Muskeln. Der kurze Zehenbeuger des Gorilla weicht von dem des Menschen durch den Umstand ab, dass ein Bündel des Muskels nicht an das Fersenbein, sondern an die Sehnen der langen Beuger befestigt wird. Die niederen Affen weichen durch eine Weiterführung desselben

Merkmals vom Gorilla ab, zwei, drei oder mehre Bündel werden an die langen Beugesehnen befestigt oder die Bündel werden vervielfältigt. Ferner weicht der Gorilla unbedeutend in der Art des Durchflechtens der langen Beugesehnen vom Menschen ab; die niederen Affen sind dadurch vom Gorilla verschieden, dass sie wieder andere, zuweilen sehr complicirte Anordnungen derselben Theile besitzen und dass ihnen gelegentlich das accessorische Muskelbündel fehlt.

Bei all diesen Modificationen muss man sich erinnern, dass der Fuss keines seiner wesentlichen Merkmale verliert. Jeder Affe und Lemur zeigt die charakteristische Anordnung der Fusswurzelknochen, besitzt einen kurzen Beuger und Strecker und einen *Peronaeus longus*. So verschiedenartig die relativen Verhältnisse und die Erscheinung des Organs sein mögen, so bleibt die terminale Abtheilung der hintern Extremität im Plan und Grundgedanken des Baues ein Fuss und kann in dieser Hinsicht nie mit einer Hand verwechselt werden.

Man kann daher kaum irgend einen Theil des körperlichen Baues finden, welcher jene Wahrheit besser als Hand und Fuss illustriren könnte, dass die anatomischen Verschiedenheiten zwischen dem Menschen und den höchsten Affen von geringerem Werth sind als die zwischen den höchsten und niedersten Affen; und doch giebt es ein Organ, dessen Studium uns denselben Schluss in einer noch überraschenderen Weise aufnöthigt — und dies ist das Gehirn.

Ehe wir aber die Grösse der Verschiedenheit zwischen einem Affengehirn und dem menschlichen Gehirn zu präcisiren suchen, ist es nöthig, darüber klar zu werden, was im Bau des Gehirns einen grossen und was einen kleinen Unterschied ausmacht; und wir erreichen dies am besten durch eine kurze Untersuchung der hauptsächlichsten Modificationen, welche das Gehirn in der Wirbelthierreihe darbietet.

Das Gehirn eines Fisches ist im Vergleich zu dem Rückenmark, in welches es sich verlängert, und zu den Nerven, die von ihm austreten, sehr klein; von den Abschnitten, aus denen es zusammengesetzt ist — Riechlappen, Hemisphärenlappen und die folgenden —, herrscht keiner vor den andern so weit vor, dass er sie bedeckte oder undeutlich machte; und häufig sind die sogenannten Sehlappen die grössten Hirnmassen unter allen. Bei den Reptilien nimmt die Masse des Gehirns im Verhältnisse zum Rückenmark zu und die Hemisphären des grossen Gehirns fangen an, über die anderen Theile zu prädominiren, während bei Vögeln dies Vorherrschen noch ausgeprägter ist. Das Gehirn der niedersten Säugethiere, wie des Schnabelthiers und der Beutelratten und Känguruhs, zeigt einen noch entschiedenern Fortschritt in dieser Richtung. Die Grosshirnhemisphären haben nun so sehr an Grösse zugenommen, dass sie mehr oder weniger die Repräsentanten der Sehlappen verdecken, welche verhältnissmässig klein bleiben, so dass das Gehirn eines Beutelthieres äusserst verschieden ist von dem eines Vogels, Reptils oder Fisches. Noch einen Schritt weiter in der Reihe, unter den placentalen Säugethieren, erleidet das Gehirn eine äusserst wichtige Modification, — nicht dass es äusserlich sehr verändert erschiene, in einer Ratte oder einem Kaninchen gegen das eines Beutelthiers, oder dass die relativen Verhältnisse seiner Theile geändert wären, sondern man findet ein scheinbar völlig neues Gebilde zwischen den Hemisphären des grossen Gehirns, sie unter einander verbindend, in der Gestalt der sogenannten »grossen Commissur« oder des »corpus callosum«. Der Gegenstand erfordert eine sorgfältige Nachuntersuchung; wenn aber die gewöhnlich angenommenen Angaben correct sind, so ist das Auftreten des Corpus callosum bei den placentalen Säugethieren die grösste und am plötzlichsten erscheinende Modification, die das Gehirn in der ganzen Reihe der Wirbelthiere darbietet, es ist der grösste Sprung, den die Natur irgendwo beim Aufbau des Gehirns macht. Denn nun, da die beiden Hälften des Gehirns einmal so mit einander verbunden sind, ist der Fortschritt in der allmählich grösser werdenden Complicirtheit des Gehirnbaues durch eine vollständige Reihe hindurch von den niedersten Nagethieren oder Insektenfressern bis zum Menschen hin zu verfolgen; und diese Complexität besteht hauptsächlich in der unverhältnissmässigen Entwickelung der Hemisphären des grossen Gehirns, und des kleinen Gehirns, aber besonders des erstern, im Verhältniss zu den anderen Hirntheilen.

Bei den unteren placentalen Säugethieren lassen die Grosshirnhemisphären die eigentliche obere und hintere Fläche des kleinen Gehirns völlig sichtbar, wenn das Gehirn von oben betrachtet wird; in den höheren Formen aber neigt sich der hintere Theil jeder Hemisphäre, die nur durch das Hirnzelt (s. S. 112) von der vordern Fläche des kleinen Gehirns getrennt wird, nach hinten und unten und wächst zu dem sogenannten »hintern Lappen« aus, um endlich das kleine Gehirn zu überragen und zu bedecken. Bei allen Säugethieren enthält jede Hemisphäre des grossen Gehirns eine Höhlung, den sogenannten Seitenventrikel, und da dieser Ventrikel einerseits vorwärts, andererseits rückwärts in die Substanz der Hemisphäre verlängert ist, so sagt man, dass er zwei Hörner oder »cornua« habe, ein vorderes, »cornu anterius«, und ein absteigendes Horn. Ist der hintere Lappen ordentlich entwickelt, so erstreckt sich eine dritte Verlängerung der Ventricularhöhle in ihn hinein und wird dann hinteres Horn, »cornu posterius«, genannt.

Bei den niedrigeren und kleineren Formen der placentalen Säugethiere ist die Oberfläche der Grosshirnhemisphären entweder glatt und eben abgerundet, oder zeigt nur wenig Gruben, welche technisch Furchen, »sulci«, genannt werden und die Erhöhungen oder »Windungen« der Gehirnsubstanz von einander trennen; die kleineren Arten aller Ordnungen neigen zu einer ähnlichen Glätte des Gehirns hin. In den höheren Ordnungen aber, und besonders in den grösseren Formen derselben, werden die Furchen äusserst zahlreich und die zwischenliegenden Windungen relativ in ihren Durchschlingungen mehr complicirt, bis endlich die Oberfläche des Gehirns beim Elephanten, Tümmler, den höheren Affen und dem Menschen ein völliges Labyrinth solcher gewundenen Falten darbietet.

Wo ein hinterer Lappen existirt und seine zuständige Höhle, das hintere Horn, darbietet, da trifft es sich gewöhnlich, dass eine besondere Furche auf der innern und untern Oberfläche des Lappens parallel dem Boden des Horns und neben ihm erscheint, welch' letzterer gewissermaassen über die Decke der Furche gewölbt ist. Es ist, als ob die Grube oder Furche dadurch gebildet worden wäre, dass Jemand den Boden des hintern Horns von aussen her mit einem stumpfen Instrument eingedrückt hätte, so dass der Boden als convexe Hervorragung sich erheben musste. Diese Hervorragung ist nun das, was Hippocampus minor genannt wird; der Hippocampus major ist eine Hervorragung am Boden des absteigenden Horns. Welches die functionelle Bedeutung beider Gebilde sein mag, wissen wir nicht.

Als ob die Natur an einem auffallenden Beispiele die Unmöglichkeit nachweisen wollte, zwischen dem Menschen und den Affen eine auf den Gehirnbau gegründete Grenze aufzustellen, so hat sie bei den letzteren Thieren eine fast vollständige Reihe von Steigerungen des Gehirns gegeben, von Formen an, die wenig höher sind als die eines Nagethieres, zu solchen, die wenig niedriger sind als die des Menschen. Und es ist ein merkwürdiger Umstand, dass, obgleich nach unserer gegenwärtigen Kenntniss ein wirklicher anatomischer Sprung in der Formenreihe der Affengehirne vorhanden ist, die durch diesen Sprung entstehende Lücke in der Reihe nicht zwischen dem Menschen und den menschenähnlichen Affen, sondern zwischen den niedrigeren und niedersten Affen liegt, oder, mit anderen Worten, zwischen den Affen der alten und neuen Welt und den Lemuren. Bei jedem bis jetzt untersuchten Lemur ist das kleine Gehirn zum Theil von oben sichtbar, und sein hinterer Lappen mit dem eingeschlossenen hintern Horn und Hippocampus minor ist mehr oder weniger rudimentär. Jeder Sahui, amerikanische Affe, Affe der alten Welt, Pavian oder Anthropoide hat dagegen sein kleines Gehirn hinten völlig von den Lappen des grossen Gehirns bedeckt und besitzt ein grosses hinteres Horn mit einem wohlentwickelten Hippocampus minor.

Bei vielen dieser Geschöpfe, wie beim Saimiri (*Chrysothrix*), überragen die Grosshirnlappen das kleine Gehirn im Verhältniss noch mehr und reichen viel weiter nach hinten als beim Menschen ([Fig. 17](#), S. [89](#)); und es ist vollständig sicher, dass bei allen das kleine Gehirn hinten völlig von wohlentwickelten hinteren Lappen bedeckt wird. Die Thatsache kann von einem Jeden nachgewiesen werden, der den Schädel irgend eines Affen der alten oder neuen Welt besitzt. Denn da das Gehirn bei allen Säugethieren die Schädelhöhle vollständig erfüllt, so leuchtet ein, dass ein Abguss des Innern vom Schädel die allgemeine Form des Gehirns wiedergeben wird, in jedem Falle mit so kleinen und für unsern gegenwärtigen Zweck völlig bedeutungslosen Differenzen, wie sie in Folge des Mangels der das Gehirn einhüllenden Häute am trocknen Schädel auftreten. Macht man nun solch einen Abguss in Gyps und vergleicht ihn mit einem ähnlichen Abguss eines menschlichen Schädels, so springt sofort in die Augen, dass der Abguss der Grosshirnkammer, der das grosse Gehirn des Affen darstellt, ebenso vollständig den Abguss der das kleine Gehirn darstellenden Kleinhirnkammer überragt und bedeckt, wie er es beim Menschen thut (Fig. 21). Ein nicht sorgfältiger Beobachter, der vergisst, dass ein so weiches Gebilde wie das Gehirn seine Gestalt in dem Moment verliert, wo es aus dem Schädel genommen wird, kann wohl allerdings den unbedeckten Zustand des kleinen Gehirns eines herausgenommenen und verzerrten Gehirns für die natürlichen Verhältnisse der Theile halten; sein Irrthum muss ihm aber selbst klar werden, wenn er versuchen wollte, das Gehirn in die Schädelhöhle wieder zurückzubringen. Anzunehmen, dass das kleine Gehirn eines Affen im natürlichen Zustande hinten unbedeckt sei, ist ein Missverständniss, das nur dem zu vergleichen wäre, wenn sich Jemand einbilden wollte, dass die Lungen des Menschen immer nur einen kleinen Theil der Brusthöhle einnehmen — weil sie dies thun, sobald die Brust geöffnet ist und ihre Elasticität nicht länger durch den Luftdruck neutralisirt wird.

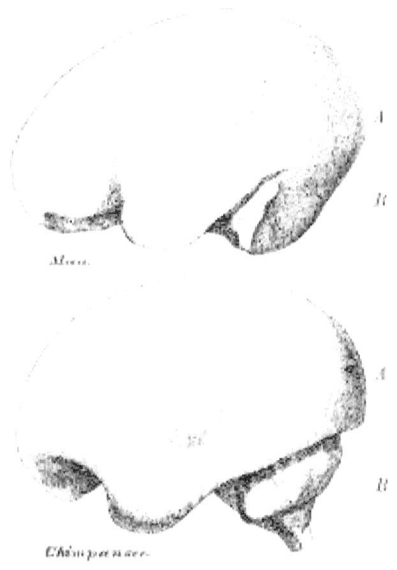

Fig. 21. Zeichnungen der Ausgüsse der Schädel vom Menschen und Chimpanze, von derselben absoluten Länge und in entsprechender Stellung. *A* grosses, *B* kleines Gehirn. Die obere Zeichnung ist nach einem Abguss im Museum des Royal College of Surgeons, die untere nach der Photographie eines Abgusses vom Chimpanzeschädel, die den Aufsatz Marshall's »über das Gehirn des Chimpanze« in der Natural History Review, July 1861, erläutert. Die schärfere Ausprägung der untern Kante des Ausgusses der Grosshirnkammer beim Chimpanze rührt von dem Umstande her, dass in diesem Schädel das Tentorium vorhanden war, in dem des Menschen aber nicht. Der Abguss stellt das Gehirn vom Chimpanze genauer dar als das vom Menschen; das starke Vorspringen der hinteren Lappen des grossen Gehirns des erstern nach hinten, über das kleine Gehirn, ist sehr deutlich.

Der Irrthum ist um so weniger zu entschuldigen, als er jedem deutlich werden muss, der den Durchschnitt des Schädels irgend eines über den Lemuren stehenden Affen untersucht, selbst ohne sich die Mühe zu geben, einen Abguss zu machen. Denn in jedem solchen Schädel findet sich eine sehr deutliche Grube, wie beim menschlichen Schädel, die die Ansatzlinie des sogenannten *Tentorium* oder Hirnzeltes andeutet, einer pergamentartigen Scheidewand, welche im frischen Zustande zwischen das grosse und kleine Gehirn eingeschoben ist und das erstere abhält auf das letztere zu drücken (s. Fig. 17, S. 89).

Diese Grube deutet daher die Trennungslinie zwischen dem Theil der Schädelhöhle, der das grosse Gehirn enthält, und dem an, der das kleine Gehirn enthält; und da das Gehirn die Schädelhöhle vollständig erfüllt, so leuchtet ein, dass die Verhältnisse dieser beiden Theile der Schädelhöhle uns sofort über die Verhältnisse ihrer Contenta aufklären. Nun liegt beim Menschen, bei allen Affen der alten und der neuen Welt, mit einer einzigen Ausnahme, wenn das Gesicht nach vorn gerichtet ist, diese Ansatzlinie des Tentorium, oder der Eindruck der seitlichen Sinus, wie sie technisch genannt wird, beinahe horizontal und die Grosshirnkammer überragt unwandelbar die Kammer für das kleine Gehirn oder springt hinter dieselbe vor. Beim Brüllaffen oder *Mycetes* (s. Fig. 17) geht diese Linie schräg nach oben und hinten und das grosse Gehirn ragt fast gar nicht vor, während bei den Lemuren diese Linie, wie bei den niedrigen Säugethieren, noch mehr in derselben Richtung aufsteigt, so dass die Kammer für das kleine Gehirn bedeutend jenseits der Grosshirnkammer vorspringt.

Wenn die gröbsten Irrthümer in Bezug auf Punkte, die so leicht aufzuklären sind, wie diese Frage über die hinteren Lappen, mit dem Schein der Autorität vorgebracht werden, so ist es nicht zu verwundern, dass Gegenstände der Beobachtung, nicht gerade sehr complicirter Natur, die aber doch eine gewisse Sorgfalt verlangen, noch schlechter weggekommen sind. Jemand, der die hinteren Lappen an irgend einem Affengehirn nicht sehen kann, ist nicht leicht in der Lage, eine besonders werthvolle Meinung in Bezug auf das hintere Horn oder den Hippocampus minor abzugeben. Sieht Jemand die Kirche nicht, so wäre es verkehrt, seiner Ansicht über ihr Altargemälde oder ein gemaltes Fenster beipflichten zu wollen; ich halte mich daher nicht für verpflichtet, hier auf eine Discussion dieser Punkte einzugehen, sondern begnüge mich damit, den Leser zu versichern, dass das hintere Horn und der Hippocampus minor jetzt nicht bloss beim Chimpanze, dem Orang und dem Gibbon, sondern bei allen Gattungen der Paviane und Affen der alten Welt, wie auch bei den meisten der neuen Welt, mit Einschluss der Sahui's, und zwar gewöhnlich wenigstens so gut entwickelt wie beim Menschen, oft sogar besser, gesehen worden sind[31].

In der That führt uns das reichliche und zuverlässige Zeugniss, welches wir besitzen (und wir haben hier die Resultate sorgfältiger auf die Erörterung dieser speciellen Fragen gerichteter Untersuchungen geschickter Anatomen vor uns), zu der Ueberzeugung, dass hintere Lappen, hinteres Horn und Hippocampus minor — weit davon entfernt, eigenthümliche und für den Menschen charakteristische Gebilde zu sein, für die man sie immer und immer wieder erklärt hat, selbst nach der Publication der klarsten Beweise vom Gegentheil — gerade diejenigen Gebilde sind, welche die ausgeprägtesten Hirncharaktere darstellen, die der Mensch mit den Affen gemeinsam hat. Sie gehören zu den deutlichsten Affeneigenthümlichkeiten, die der menschliche Organismus darbietet.

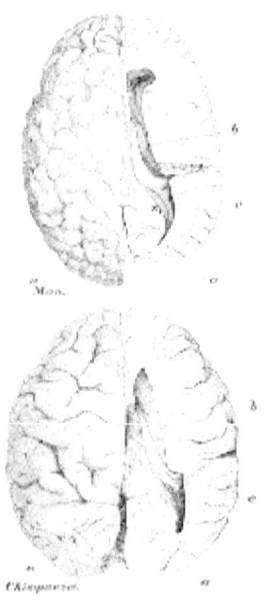

Fig. 22. Die Hemisphären des grossen Gehirns vom Menschen und Chimpanze, in derselben Länge gezeichnet, um die relativen Verhältnisse der Theile zu zeigen; das obere nach einem Präparat, das Mr. Flower, Conservator am Museum des Royal College of Surgeons, für mich zu fertigen die Güte hatte, das untere nach der Photographie eines in ähnlicher Weise präparirten Chimpanzegehirns, die der oben erwähnten Abhandlung Marshall's beigegeben war. *a* hinterer Lappen, *b* Seitenventrikel, *c* hinteres Horn, *x* Hippocampus minor.

In Bezug auf die Windungen bieten die Affengehirne alle Uebergänge von dem beinahe glatten Gehirn des Sahui bis zum Orang und Chimpanze dar, die nur wenig unter dem Menschen stehen. Und es ist äusserst merkwürdig, dass, sobald alle Hauptfurchen auftreten, die Art ihrer Anordnung mit der der entsprechenden Furchen beim

Menschen identisch ist. Die Oberfläche eines Affengehirns stellt eine Art von Umrisszeichnung des menschlichen dar; bei den menschenähnlichen Affen werden immer mehr und mehr Details eingetragen, bis endlich das Gehirn des Chimpanze und Orang dem Baue nach nur in untergeordneten Merkmalen von dem des Menschen unterschieden werden kann; hierher gehört die grössere Aushöhlung der vorderen Lappen, die constante Anwesenheit von Furchen, die dem Menschen gewöhnlich fehlen, und die verschiedene Lage und relative Grösse einiger Windungen.

Was also den Bau des Gehirns anlangt, so ist klar, dass der Mensch weniger vom Chimpanze und Orang verschieden ist, als diese selbst von den Affen, und dass der Unterschied zwischen den Gehirnen des Chimpanze und des Menschen fast bedeutungslos ist, wenn man ihn mit dem zwischen dem Gehirn des Chimpanze und eines Lemurs vergleicht.

Es darf indessen nicht übersehen werden, dass eine sehr auffallende Verschiedenheit in Bezug auf absolute Masse und Gewicht zwischen dem niedrigsten Menschengehirn und dem Gehirn des höchsten Affen vorhanden ist, — eine Verschiedenheit, die um so auffallender wird, wenn wir uns daran erinnern, dass ein erwachsener Gorilla wahrscheinlich beinahe zweimal so schwer ist als ein Buschmann, oder als manche Europäerin. Es darf bezweifelt werden, ob ein gesundes Gehirn eines erwachsenen Menschen je weniger als ein- oder zweiunddreissig Unzen gewogen hat, oder ob das schwerste Gorillagehirn schwerer als zwanzig Unzen gewesen ist.

Dies ist ein sehr bemerkenswerther Umstand, der uns einst wohl helfen wird, den grossen Abstand, welcher in Bezug auf intellectuelle Fähigkeit zwischen dem niedersten

Menschen und dem höchsten Affen besteht, zu erklären[32]; er hat aber wenig systematischen Werth, und zwar aus dem einfachen Grunde, weil (wie schon aus dem über den Schädelinhalt Gesagten zu schliessen ist) der Gewichtsunterschied des Gehirns zwischen dem höchst entwickelten und niedersten Menschen sowohl relativ als absolut viel grösser ist, als der zwischen dem niedersten Menschen und dem höchsten Affen. Der letzterwähnte Unterschied wird, wie wir gesehen haben, durch zwölf Unzen Hirnsubstanz absolut, oder durch 32:20 relativ ausgedrückt; da aber das grösste bekannte menschliche Gehirn zwischen 65 und 66 Unzen wog, so ist der erstgenannte Unterschied durch mehr als 33 Unzen absolut, oder durch 65:32 relativ zu bezeichnen. Systematisch betrachtet sind die Differenzen im Gehirn bei Menschen und Affen nur von generischem Werthe, — seine Familienmerkmale liegen hauptsächlich in seinem Gebiss, seinem Becken und seinen unteren Extremitäten.

Wir mögen daher ein System von Organen vornehmen, welches wir wollen, die Vergleichung ihrer Modificationen in der Affenreihe führt uns zu einem und demselben Resultate: dass die anatomischen Verschiedenheiten, welche den Menschen vom Gorilla und Chimpanze scheiden, nicht so gross sind als die, welche den Gorilla von den niedrigeren Affen trennen.

Indem ich aber diese bedeutungsvolle Wahrheit ausspreche, muss ich mich gegen ein sehr verbreitetes Missverständniss verwahren. Ich finde in der That, dass sich der, wer nur einfach zu lehren sucht, was uns die Natur in diesen Dingen so klar zeigt, dem aussetzt, seine Meinung falsch dargestellt und an seiner Ausdrucksweise so lange herumgedeutet zu sehen, bis er zu behaupten scheint, dass die anatomischen Unterschiede zwischen dem Menschen und selbst den höchsten Affen gering und unbedeutend sind. Ich benutze daher diese Gelegenheit, im Gegentheil ausdrücklich zu versichern, dass sie gross und bedeutend sind, dass jeder einzelne Knochen des Gorilla Zeichen an sich trägt, durch welche er leicht von dem entsprechenden Knochen des Menschen unterschieden werden kann; und dass jedenfalls wenigstens in der jetzigen Schöpfung kein Zwischenglied den Abstand zwischen *Homo* und *Troglodytes* ausfüllt.

Es würde nicht weniger unrecht als absurd sein, die Existenz dieser Kluft zu leugnen; es ist aber wenigstens ebenso unrecht als absurd, ihre Grösse zu übertreiben und, sich mit der zugegebenen Thatsache ihrer Existenz beruhigend, jede Untersuchung über die Weite oder Enge derselben zurückzuweisen. Man mag sich, wenn man will, immer daran erinnern, dass kein verbindendes Glied zwischen dem Menschen und Gorilla existirt, man soll aber nicht vergessen, dass zwischen dem Gorilla und dem Orang, oder dem Orang und dem Gibbon eine nicht weniger scharfe Trennungslinie besteht und hier ebenso vollständig irgend welche Uebergangsform fehlt. Ich sage: nicht weniger scharf, wenn sie auch etwas enger ist. Die anatomischen Verschiedenheiten zwischen dem Menschen und den menschenähnlichen Affen berechtigen uns sicher zu der Ansicht, dass er eine besondere, von jenen getrennte Familie bildet; da er aber weniger von ihnen abweicht, als sie von anderen Familien derselben Ordnung verschieden sind, so haben wir kein Recht, ihn zu einer besondern Ordnung zu erheben.

Und so kömmt denn der vorausblickende Scharfsinn des grossen Gesetzgebers der systematischen Zoologie, Linné, zu seinem Rechte; ein Jahrhundert anatomischer Untersuchung bringt uns zu seiner Folgerung zurück, dass der Mensch ein Glied derselben Ordnung ist (für welche der Linnéische Name *Primates* beibehalten werden sollte) wie die Affen und Lemuren. Diese Ordnung kann jetzt in sieben Familien von ungefähr gleichem systematischen Werthe eingetheilt werden: die erste, *Anthropini*, enthält nur den Menschen, die zweite, die *Catarhini*, umfasst die Affen der alten Welt, die dritte, die *Platyrhini*, alle Affen der neuen Welt, mit Ausnahme der Sahui's; die vierte, die *Arctopithecini*, enthält die Sahui's, die fünfte, die *Lemurini*, die Lemuren, von denen *Cheiromys* wahrscheinlich auszuschliessen ist, um eine sechste besondere Familie, die *Cheiromyini*, zu bilden; die siebente, die *Galeopithecini*, enthält nur den fliegenden Lemur, *Galeopithecus*, eine merkwürdige Form, welche fast an die Fledermäuse grenzt, wie *Cheiromys* die Erscheinung eines Nagers darbietet, und die Lemuren die von Insectenfressern.

Es bietet wohl kaum eine Säugethierordnung eine so ausserordentliche Reihe von Abstufungen dar, wie diese; sie führt uns unmerklich von der Krone und Spitze der thierischen Schöpfung zu Geschöpfen herab, von denen scheinbar nur ein Schritt zu den niedrigsten, kleinsten und wenigst intelligenten Formen der placentalen Säugethiere ist. Es ist, als ob die Natur die Anmaassung des Menschen selbst vorausgesehen hätte, als wenn sie mit altrömischer Strenge dafür gesorgt hätte, dass sein Verstand durch seine eigenen Triumphe die Sklaven in den Vordergrund stelle, den Eroberer daran mahnend, dass er nur Staub ist.

Dies sind die hauptsächlichsten Thatsachen und die unmittelbare Folgerung aus ihnen, auf welche ich im Anfang dieser Abhandlung hinwies. Die Thatsachen können, glaube ich, nicht bestritten werden; und wenn dem so ist, so scheint mir auch der Schluss unvermeidlich.

Wird aber der Mensch durch keine grössere anatomische

Scheidewand von den Thieren getrennt, als diese von einander, dann scheint mir auch zu folgen, dass, wenn irgend ein natürlicher Causalvorgang nachgewiesen werden kann, durch welchen die Gattungen und Familien von Thieren entstanden sind, dieser Causalvorgang auch völlig hinreicht, die Entstehung des Menschen zu erklären. Mit anderen Worten, wenn gezeigt werden könnte, dass die Sahui's z. B. durch allmähliche Modification aus gewöhnlichen Platyrhinen entstanden sind, oder dass beide, Sahui's und Platyrhini, modificirte Verzweigungen eines ursprünglichen Stammes sind — dann würde auch kein vernünftiger Grund vorhanden sein, daran zu zweifeln, dass der Mensch in dem einen Falle durch allmähliche Modification eines menschenähnlichen Affen, oder im andern Falle ebenso als eine Abzweigung desselben ursprünglichen Stammes wie jene Affen entstanden sei.

Gegenwärtig hat nur ein solcher natürlicher Causalvorgang irgend welches Zeugniss zu seinen Gunsten aufzuweisen, oder mit anderen Worten: es giebt nur eine Hypothese in Betreff der Entstehung der Arten der Thiere im Allgemeinen, welche eine wissenschaftliche Existenz hat — die von Darwin aufgestellte. Denn so scharfsinnig auch viele von Lamarck's Ansichten waren, so brachte er doch so viel Unreifes und selbst Absurdes hinzu, dass der Nutzen, den seine Originalität, wäre er ein nüchterner und vorsichtiger Denker gewesen, gehabt hätte, wieder neutralisirt wurde; und obgleich ich von der Ankündigung einer Formel über »das vorbedachte allmähliche Werden organischer Formen« gehört habe, so ist doch klar, dass die erste Pflicht einer Hypothese die ist, verständlich zu sein, und dass ein vollklingender Satz dieser Art, den man von vorn und von hinten und von der Seite her lesen kann, ohne seine Bedeutung zu beeinträchtigen, in Wirklichkeit gar nicht existirt, wenn er auch zu existiren scheint.

Gegenwärtig löst sich daher die Frage nach den Beziehungen des Menschen zu den Thieren schliesslich in die umfassendere Frage von der Haltbarkeit oder Unhaltbarkeit der Darwin'schen Ansichten auf. Hier wird aber das Terrain schwierig und es gehört sich, unsere genaue Stellung zur Frage mit grosser Sorgfalt zu bestimmen.

Ich glaube, es kann nicht bezweifelt werden, dass Darwin hinreichend bewiesen hat, dass das, was er Wahl oder Modification in Folge einer Auswahl nennt, in der Natur vorkommen muss und wirklich vorkommt; er hat ferner bis zum Ueberfluss bewiesen, dass solche Wahl Formen erzeugen kann, die ihrem Baue nach so verschieden selbst wie Gattungen sein können. Böte uns die Thierwelt nur anatomische Verschiedenheiten dar, so würde ich nicht einen Augenblick zu erklären anstehen, dass Darwin die Existenz einer wirklichen physikalischen Ursache nachgewiesen habe, völlig hinreichend, den Ursprung lebender Arten, und des Menschen unter diesen, zu erklären.

Ausser ihren anatomischen Verschiedenheiten bieten aber Pflanzen- und Thierarten, wenigstens eine grosse Zahl unter ihnen, physiologische Merkmale dar: Formen, die man anatomisch als besondere Arten kennt, sind meist entweder durchaus unfähig, sich unter einander zu vermehren, oder wenn sie es thun, ist der resultirende Bastard unfähig, seine Rasse mit einem andern Bastard derselben Art zu erhalten.

Eine wirklich physikalische Ursache wird indessen nur unter einer Bedingung als eine solche angenommen: dass sie alle Erscheinungen, die in den Bereich ihrer Wirksamkeit fallen, erklären kann. Ist sie mit irgend einer Erscheinung unverträglich, so ist sie zu verwerfen; ist sie nicht im Stande, eine einzelne Erscheinung zu erklären, so ist sie in diesem Punkte schwach oder verdächtig, obgleich sie vollständiges Recht haben mag, eine provisorische Annahme zu beanspruchen.

So viel mir bekannt ist, ist Darwin's Hypothese mit keiner bekannten biologischen Thatsache unvereinbar; im Gegentheil erhalten durch ihre Annahme die Thatsachen der Entwickelung, vergleichenden Anatomie, geographischen Verbreitung und Paläontologie eine gegenseitige Verbindung und eine Bedeutung, die sie zuvor nie besassen. Was mich betrifft, so bin ich völlig überzeugt, dass diese Hypothese, wenn sie nicht streng wahr, doch eine solche Annäherung an die Wahrheit ist, wie die Copernikanische Theorie für die Planetenbewegungen war.

Trotz alledem muss unsere Annahme der Darwin'schen Hypothese so lange nur provisorisch sein, als ein Glied in der Beweiskette noch fehlt; und so lange alle Thiere und Pflanzen, die sicher durch Zuchtwahl von einem gemeinsamen Stamme entstanden sind, fruchtbar sind, und ihre Nachkommen unter einander, so lange fehlt jenes Glied. Denn für so lange kann nicht bewiesen werden, dass die Zuchtwahl alles das leistet, was zur Erzeugung natürlicher Arten nöthig ist.

Ich habe den letzten Satz so stark als möglich dem Leser vorgelegt; denn die allerletzte Stellung, die ich einnehmen möchte, ist die eines Advocaten für Darwin's oder irgend welche andere Ansichten, wenn unter einem Advocaten der verstanden wird, dessen Aufgabe es ist, wirkliche Schwierigkeiten zu ebnen, und zu überreden, wo er nicht überzeugen kann.

Um indessen Darwin gerecht zu sein, muss zugegeben werden, dass die Zustände der Fruchtbarkeit und Unfruchtbarkeit sehr falsch verstanden werden, und dass der tägliche Fortschritt der Erkenntniss dieser Lücke in dem Beweis eine immer geringere Bedeutung beilegt, besonders verglichen mit der Menge von Thatsachen, welche mit seinen Lehren harmoniren oder von ihnen aus Erklärung erhalten.

Ich nehme daher Darwin's Hypothese an als eine, die zur Beibringung des Beweises verpflichtet ist, dass physiologische Arten durch Zuchtwahl entstehen, ebenso wie ein Physiker die Undulationstheorie des Lichts annimmt als verpflichtet, die Existenz des hypothetischen Aethers, oder ein Chemiker die atomistische Theorie als verpflichtet, die Existenz der Atome nachzuweisen; und zwar genau aus denselben Gründen: sie hat unendlich viel Wahrscheinliches auf den ersten Blick für sich, sie ist gegenwärtig das einzig erreichbare Mittel, das Chaos beobachteter Thatsachen in eine bestimmte Ordnung zu bringen; und endlich ist sie das wirksamste Forschungsmittel, was die Naturforscher seit der Erfindung des natürlichen Classificationssystems und dem Beginn des systematischen Studiums der Embryologie erhalten haben.

Wenn wir aber selbst Darwin's Ansichten bei Seite lassen, die ganze Analogie natürlicher Vorgänge liefert uns einen so vollständigen und vernichtenden Beweis gegen das Dazwischentreten anderer als sogenannter secundärer Ursachen bei der Erzeugung aller Erscheinungen im Universum, dass ich, die innigen Beziehungen zwischen dem Menschen und der übrigen lebenden Welt, und zwischen den in letzterer wirksamen Kräften und allen übrigen vor Augen, keinen Grund sehe, daran zu zweifeln, dass alle nur coordinirte Ausdrücke für den grossen Fortschritt der Natur sind, vom Formlosen zum Geformten, vom Unorganischen zum Organischen, von blinder Naturkraft zu bewusstem Verstand und Willen.

Die Wissenschaft hat ihre Pflicht erfüllt, wenn sie die Wahrheit ermittelt und ausgesprochen hat; und wenn diese Zeilen nur für Männer der Wissenschaft bestimmt wären, so würde ich jetzt diese Abhandlung schliessen, wohl wissend, dass meine Fachgenossen nur Beweise anzuerkennen und es für ihre höchste Pflicht zu halten gelernt haben, diesem sich zu fügen, wie sehr es auch gegen ihre Neigungen verstosse.

Da ich aber den weitern Kreis des intelligenten Publicums zu erreichen wünsche, so wäre es eine unwürdige Feigheit, das Widerstreben zu ignoriren, mit dem die Mehrzahl meiner Leser die Schlüsse aufzunehmen geneigt sein dürfte, zu welchen mich das sorgfältigste und gewissenhafteste Studium, das ich dem Gegenstand nur zu widmen im Stande war, geführt hat.

Von allen Seiten höre ich ausrufen: »Wir sind Männer und Frauen, und nicht bloss eine bessere Art Affen, mit etwas längeren Beinen, etwas compacterem Fusse und grösserem Gehirn als eure thierischen Chimpanzes und Gorillas. Die Kraft der Erkenntniss — das Bewusstsein von Gut und Böse — die mitleidsvolle Zartheit menschlicher Gemüthsstimmungen erheben uns weit über alle Genossenschaft mit den Thieren, wie nahe sie auch an uns heranzutreten scheinen.«

Hierauf kann ich nur entgegnen, dass dieser Ausruf äusserst gerecht wäre und meine ganze Sympathie besässe, wenn er nur irgend erheblich wäre. Ich bin es gewiss nicht, der die Würde des Menschen auf seine grosse Zehe zu gründen sucht, oder der zu verstehen giebt, dass wir verloren wären, wenn ein Affe einen Hippocampus minor hat. Ich habe im Gegentheil diese eitlen Fragen zu beseitigen mich bemüht. Ich habe zu zeigen versucht, dass zwischen uns und der Thierwelt keine absolute Linie anatomischer Abgrenzung gezogen werden kann, die breiter wäre, als die zwischen den unmittelbar auf uns folgenden Thieren; und ich will noch mein Glaubensbekenntniss hinzufügen, dass der Versuch, eine psychische Trennungslinie zu ziehen, gleich vergebens ist und dass selbst die höchsten Vermögen des Gefühls und Verstandes in niederen Lebensformen zu keimen beginnen[33]. Gleichzeitig ist Niemand davon so stark überzeugt, wie ich, dass der Abstand zwischen civilisirten Menschen und den Thieren ein ungeheurer ist, oder so sicher dessen, dass, mag der Mensch von den Thieren stammen oder nicht, er zuverlässig nicht eins derselben ist. Niemand ist weniger geneigt, die gegenwärtige Würde des einzigen bewussten intelligenten Bewohners dieser Welt gering zu halten, oder an seinen Hoffnungen auf das Künftige zu verzweifeln.

Es wird uns allerdings von Leuten, die in diesen Sachen Autorität beanspruchen, gesagt, dass die beiden Ansichten nicht zu vereinigen wären, und dass der Glaube an die Einheit des Ursprungs des Menschen und der Thiere die Verthierung und Erniedrigung des erstern mit sich führe. Ist dem aber wirklich so? Könnte nicht ein einigermaassen verständiges Kind mit nahe liegenden Beweisen die seichten Redner zurückweisen, die uns diesen Schluss aufnöthigen wollen? Ist es wirklich wahr, dass der Poet, Philosoph oder Künstler, dessen Genius der Ruhm seiner Zeit ist, von seiner hohen Stellung erniedrigt wird durch die unbezweifelte historische Wahrscheinlichkeit, um nicht zu sagen Gewissheit, dass er der directe Abkömmling irgend eines nackten und halbthierischen Wilden ist, dessen Intelligenz gerade hinreiche, ihn etwas verschlagener als den Fuchs, dadurch aber um so mehr gefährlicher als den Tiger zu machen? Oder ist er verbunden zu heulen und auf allen Vieren zu kriechen wegen der ausser aller Frage stehenden Thatsache, dass er früher ein Ei war, das keine gewöhnliche Unterscheidungskraft von dem eines Hundes unterscheiden konnte? Oder muss der Menschenfreund und Heilige den Versuch, ein edles Leben zu führen, aufgeben, weil das einfachste Studium der menschlichen Natur auf ihrem Grunde alle die selbstsüchtigen Leidenschaften und die heftigen Begehrungen der gewöhnlichen Vierfüssler offenbart? Ist Mutterliebe gemein, weil eine Henne sie zeigt, oder Treue niedrig, weil ein Hund sie besitzt?

Der gesunde Menschenverstand der grossen Masse der Menschheit wird diese Fragen, ohne sich einen Augenblick zu besinnen, beantworten. Eine gesunde Menschlichkeit, die sich hart bedrängt fühlt, wirklicher Sünde und Erniedrigung zu entfliehen, wird das Brüten über eine speculative Befleckung den Cynikern und den »Allzugerechten« überlassen, die, in allem Uebrigen verschiedener Meinung, in der blinden Unempfindlichkeit für den Adel der sichtbaren Welt und in der Unfähigkeit, die Grossartigkeit der Stellung des Menschen darin zu erfassen, sich vereinigen.

Ja noch mehr: haben sich denkende Leute einmal den blindmachenden Einflüssen traditioneller Vorurtheile entwunden, dann werden sie in dem niedern Stamm, dem der Mensch entsprungen ist, den besten Beweis für den Glanz seiner Fähigkeiten finden und werden in seinem langen Fortschritt durch die Vergangenheit einen vernünftigen Grund finden, an die Erreichung einer noch edleren Zukunft zu glauben.

Sie werden sich erinnern, dass wir, vergleichen wir den civilisirten Menschen mit der thierischen Welt, wie Alpenreisende sind, die die Berge in den Himmel ragen sehen und kaum unterscheiden können, wo die tief beschatteten Klüfte und die ewig glänzenden Gipfel aufhören und die Wolken des Himmels anfangen. Gewiss ist der von tiefem Staunen ergriffene Reisende zu entschuldigen, wenn er sich weigert, dem Geologen zu glauben, der ihm erzählt, dass diese herrlichen Massen doch schliesslich nichts anderes sind, als erhärteter Schlamm vorweltlicher Meere oder abgekühlte Schlacken unterirdischer <u>Hochöfen</u>, von gleichem Stoffe wie der zäheste Thon, aber durch innere Kräfte zu jener Stelle stolzer und scheinbar unnahbarer Herrlichkeit erhoben.

Aber der Geolog hat Recht; und ernstes Nachdenken über seine Lehren fügt, anstatt unsere Ehrfurcht und Bewunderung zu vermindern, zu der bloss ästhetischen Betrachtung des ununterrichteten Beschauers noch all die Macht intellectueller Erhebung.

Und wenn Leidenschaft und Vorurtheil sich gelegt haben werden, dann wird die Lehre der Naturforschung über die grossen Alpen und Andes der lebenden Welt, — den Menschen, eine gleiche Wirkung äussern. Unsere Ehrfurcht vor dem Adel der Menschheit wird nicht verkleinert werden durch die Erkenntniss, dass der Mensch seiner Substanz und seinem Baue nach mit den Thieren eins ist; denn er allein besitzt die wunderbare Gabe verständlicher und vernünftiger Rede, wodurch er in der Jahrhunderte langen Periode seiner Existenz die Erfahrung, welche bei anderen Thieren mit dem Aufhören jeden individuellen Lebens fast gänzlich verloren geht, langsam angehäuft und organisch verarbeitet hat, so dass er jetzt wie auf dem Gipfel eines Berges weit über das Niveau seiner niedrigen Mitgeschöpfe erhaben und von seiner gröberen Natur verklärt dasteht, verklärt dadurch, dass er hier und da einen Strahl aus der unendlichen Quelle ewiger Wahrheit reflectiren konnte.

Fußnoten:

[26] Es versteht sich, dass ich in der vorhergehenden Abhandlung aus der ungeheuren Menge von Abhandlungen, die über die menschenähnlichen Affen geschrieben worden sind, nur die zur Erwähnung ausgewählt habe, die mir von besonderer Bedeutung schienen.

[27] Wir sind bis jetzt noch nicht hinreichend mit dem Gehirn des Gorilla bekannt; bei Besprechung der Hirnmerkmale werde ich daher den Chimpanze als die höchste Form unter den Affen annehmen.

[28] »Mehr als einmal,« sagt Peter Camper, »habe ich mehr als sechs Lendenwirbel beim Menschen angetroffen ... Einmal fand ich dreizehn Rippen und vier Lendenwirbel.« Fallopius erwähnt dreizehn Rippenpaare und nur vier Lendenwirbel; und Eustachius fand einmal elf Rückenwirbel und sechs Lendenwirbel. — »Oeuvres de P. Camper«, T. 1, p. 42. Wie Tyson angiebt, hatte sein »Pygmie« dreizehn Rippenpaare und fünf Lendenwirbel. Die Frage von der Krümmung der Wirbelsäule bei Affen erfordert noch weitere Untersuchungen.

[29] Man hat angegeben, dass Hinduschädel zuweilen so wenig wie 27 Unzen Wasser enthalten, was einen Rauminhalt von ungefähr 46 Cubikzoll geben würde. Der Minimalinhalt, den ich oben angenommen habe, ist indess auf die werthvollen Tabellen basirt, die Rud. Wagner in seinen »Vorstudien zu einer wissenschaftlichen Morphologie und Physiologie des menschlichen Gehirns« publicirt hat. Als das Resultat sorgfältiger Wägungen von mehr als 900 menschlichen Gehirnen giebt Professor Wagner an, dass die Hälfte zwischen 1200 und 1400 Gramm wog und dass ungefähr zwei Neuntel, meist männliche Gehirne, 1400 Gramm überschritten. Das leichteste Gehirn eines erwachsenen Mannes mit gesunden Geisteskräften wog 1020 Gramm. Da ein Gramm gleich 15,4 Gran ist und ein Cubikzoll Wasser 252,4 Gran enthält, so ist dies gleich 62 Cubikzoll Wasser, so dass wir, da Gehirn schwerer ist als Wasser, völlig gegen Irrthum nach der Seite einer zu kleinen Annahme hin gesichert sind, wenn wir dies als den kleinsten Inhalt eines erwachsenen männlichen Gehirns annehmen. Das einzige erwachsene männliche Gehirn, das nur 970 Gramm wiegt, ist das eines Idioten; das Gehirn einer erwachsenen Frau aber, gegen deren geistige Gesundheit nichts vorliegt, wog nur 907 Gramm (55,3 Cubikzoll Wasser); und Reid führt ein erwachsenes weibliches Gehirn von noch kleinerem Rauminhalt an. Das schwerste Gehirn indessen (1872 Gramm, oder ungefähr 115 Cubikzoll) war das einer Frau; zunächst kommt dann das von Cuvier (1861 Gramm), dann Byron (1807 Gramm) und dann eine

geisteskranke Person (1783 Gramm). Das leichteste erwachsene Gehirn, was bekannt ist (720 Gramm), war das einer blödsinnigen Frau. Die Gehirne von fünf Kindern, vier Jahre alt, wogen zwischen 1275 und 992 Gramm. Man kann daher ziemlich richtig sagen, dass ein mittelgrosses europäisches Kind von vier Jahren ein zweimal so grosses Gehirn hat als ein erwachsener Gorilla.

[30] Vom Fusse seines »Pygmie« sprechend, bemerkt Tyson S. 13: »Da aber dieser Theil in seiner Bildung und auch in seiner Function einer Hand ähnlicher ist als einem Fusse, habe ich gedacht, ob diese Art von Thieren zur Unterscheidung von anderen nicht besser Quadrumanus genannt und als solche aufgeführt werden sollte, denn als Quadrupes, d. i. besser ein vierhändiges als ein vierfüssiges Thier.« Da diese Stelle 1699 publicirt wurde, so ist J. G. St. Hilaire offenbar im Irrthum, wenn er die Erfindung des Ausdrucks »Quadrumanus« Buffon zuschreibt, obschon »Bimana« ihm zugeschrieben sein kann. Tyson gebraucht »Quadrumana« an mehreren Stellen, so S. 91: »Unser P y g m i e ist nicht ein Mensch, aber auch nicht der gewöhnliche A ff e , sondern eine T h i e r a r t zwischen beiden, und obgleich ein B i p e d , doch eine von der Q u a d r u m a n u s -Art; wiewohl manche Menschen beobachtet worden sind, die ihre F ü s s e wie H ä n d e brauchen, wie ich selbst mehrere gesehen habe.«

[31] S. die Anmerkung am Ende dieser Abhandlung, die eine kurze Geschichte des hier angedeuteten Streites enthält.

[32] Ich sage »zu erklären *helfen*«; denn ich glaube durchaus nicht, dass irgend ein ursprünglicher Unterschied in der Qualität oder Quantität der Hirnsubstanz jenes Auseinandergehen des Menschen- und Affenstammes verursacht hat, das zu dem gegenwärtigen enormen Abstand zwischen ihnen geführt hat. Es ist in einem gewissen Sinne ohne Zweifel völlig wahr, dass Unterschied in der Function das Resultat eines Unterschieds in der Structur ist, oder, mit anderen Worten, eines Unterschieds in der Combination der primären Molecularkräfte lebender Substanz; und von diesem unleugbaren Axiom ausgehend argumentiren die Gegner gelegentlich und scheinbar sehr plausibel, dass die grosse intellectuelle Kluft zwischen dem Menschen und dem Affen eine entsprechende anatomische Kluft in den Organen der intellectuellen Function voraussetzt; so dass der Umstand, dass man so grosse Differenzen nicht auffinde, kein Beweis dafür sei, dass sie nicht vorhanden seien, sondern dass die Wissenschaft nicht im Stande sei, sie nachzuweisen. Nur wenig Ueberlegung indessen wird, denke ich, das Irrige dieses Schlusses zeigen. Seine Gültigkeit ruht auf der Annahme, dass die intellectuelle Fähigkeit ganz und gar vom Gehirn abhänge, während doch das Gehirn nur eine jener vielen Bedingungen ist, von denen die geistigen Manifestationen abhängen; die anderen sind hauptsächlich die Sinnesorgane und die motorischen Apparate, besonders die, welche beim Greifen und bei der Bildung der articulirten

Sprache betheiligt sind.

Ein Stummgeborener würde trotz seiner grossen Gehirnmasse und der Ererbung starker intellectueller Instincte nur wenige höhere geistige Manifestationen zu äussern im Stande sein als ein Orang oder Chimpanze, wenn er auf die Gesellschaft stummer Genossen beschränkt wäre. Und doch könnte nicht der geringste erkennbare Unterschied zwischen seinem Gehirn und dem einer äusserst intelligenten und gebildeten Person vorhanden sein. Die Stummheit könnte die Folge einer mangelhaften Bildung des Mundes oder der Zunge, oder einer bloss fehlerhaften Innervation dieser Theile sein; oder die Folge angeborener Taubheit, die wiederum durch einen minutiösen, nur von einem sorgfältigen Anatomen nachzuweisenden Fehler des inneren Ohres verursacht wäre.

Der Schluss: weil eine grosse Differenz zwischen der Intelligenz eines Menschen und eines Affen besteht, deshalb muss auch ein gleich grosser Unterschied zwischen ihren Gehirnen bestehen, scheint mir ungefähr ebenso begründet, als wenn man beweisen wollte, dass, weil »ein grosser Abstand« zwischen einer gutgehenden und einer gar nicht gehenden Uhr besteht, deshalb auch ein grosser Abstand zwischen der Structur der beiden bestehen müsse. Ein Haar am Balancier, ein bischen Rost an einem Stifte, ein Bug in einem Zähnchen, irgend etwas so Kleines, dass nur das geübte Auge des Uhrmachers es nachweisen kann, könnte die Ursache des ganzen Unterschieds sein.

Und da ich mit Cuvier glaube, dass der Besitz der articulirten Sprache das grosse Unterscheidungsmerkmal des Menschen ist (mag es ihm absolut eigenthümlich sein oder nicht), so halte ich es für sehr leicht verständlich, dass eine in gleicher Weise wenig auffallende anatomische Verschiedenheit die primäre Ursache des unermesslichen und praktisch unendlichen Auseinanderweichens des menschlichen und Affenstamms gewesen sein mag.

[33] Es ist für mich ein so seltnes Vergnügen, die Ansichten Professor Owen's in völliger Uebereinstimmung mit meinen eignen zu finden, dass ich nicht umhin kann, eine Stelle aus seiner Abhandlung »Ueber die Charaktere etc. der Classe Mammalia« im Journal of the Proceedings of the Linnean Society of London für 1857 zu citiren, die aber unerklärlicher Weise in der zwei Jahre später vor der Universität Cambridge gehaltenen »Reade Lecture«, die im Uebrigen fast nur ein Abdruck jener Abhandlung ist, weggelassen worden ist. Prof. Owen schreibt:

»Da ich nicht im Stande bin, den Unterschied zwischen den psychischen Erscheinungen eines Chimpanze und eines Buschmanns, oder eines Azteken mit gehemmter Hirnbildung, weder für so wesentlicher Natur anzuerkennen oder aufzufassen, dass ein Vergleich zwischen ihnen ausgeschlossen wäre, noch für einen andern als bloss gradweisen zu halten, so kann ich meine Augen der Bedeutung jener Alles durchdringenden Gleichheit des Baues nicht verschliessen; jeder Zahn, jeder Knochen ist streng homolog; und diese Gleichheit macht die Bestimmung des Unterschieds zwischen *Homo* und *Pithecus* zu einer schwierigen Aufgabe für den Anatomen.«

Es ist gewiss etwas sonderbar, dass der »Anatom«, der es für »schwierig« hält, »den Unterschied zu bestimmen« zwischen *Homo* und *Pithecus*, beide doch auf anatomische Gründe gestützt in verschiedene Unterclassen bringt!

Kurze Geschichte des Streites über den Bau des Menschen- und Affengehirns.

Bis zum Jahre 1857 stimmten alle Anatomen von Autorität, die sich mit dem Hirnbau der Affen beschäftigt hatten — Cuvier, Tiedemann, Sandifort, Vrolik, Isidore Geoffroy St. Hilaire, Schroeder van der Kolk, Gratiolet —, darin überein, dass das Affengehirn einen h i n t e r n L a p p e n besitze.

Im Jahre 1825 bildete Tiedemann in seinen Icones das h i n t e r e H o r n der Seitenventrikel bei Affen ab und erkannte dasselbe auch in dem Text zu den Icones an, und zwar nicht bloss unter dem Titel »Scrobiculus parvus loco cornu posterioris« (eine Thatsache, die man in den Vordergrund stellte), sondern als »cornu posterius« (Icones, p. 54), ein Umstand, der ebenso absichtlich im Hintergrund gehalten wurde.

Cuvier sagt (Leçons, T. III. p. 103), »die vorderen oder Seitenventrikel besitzen eine Fingerhöhle (hinteres Horn) nur beim Menschen und den Affen ... Ihre Gegenwart hängt von der der hinteren Lappen ab.«

Schroeder van der Kolk und Vrolik und Gratiolet haben gleichfalls das hintere Horn von verschiedenen Affen beschrieben und abgebildet. In Bezug auf den Hippocampus minor hat Tiedemann irrthümlich angegeben, dass er bei den Affen fehle; Schroeder van der Kolk und Vrolik haben aber auf die Existenz eines von ihnen für einen rudimentären Hippocampus minor gehaltenen Gebildes beim Chimpanze hingewiesen, und Gratiolet bestätigt ausdrücklich sein Vorhandensein bei diesen Thieren. Dies war der Zustand unserer Kenntniss über diese Punkte im Jahre 1856.

Diese Thatsachen kannte entweder Professor Owen nicht oder er verschwieg sie ungerechtfertigter Weise. Denn 1857 legte er der Linnean Society eine Abhandlung vor, »On the Characters, Principles of Division, and

Primary Groups of the Class Mammalia,« die im Journal jener Gesellschaft abgedruckt wurde und folgenden Passus enthält: »Beim Menschen bietet das Gehirn eine höhere Entwickelungsstufe dar, die bedeutender und stärker markirt ist als die, durch welche sich die vorhergehende Unterclasse von der ihr zunächst stehenden niedern unterscheidet. Es überragen hier nicht bloss die Hemisphären die Riechlappen und das kleine Gehirn, sondern sie erstrecken sich weiter nach vorn als die ersteren und weiter nach hinten als das letztere. Die Entwickelung nach hinten ist so stark ausgeprägt, dass die Anatomen diesem Theile den Namen eines dritten Lappens beilegen; *er ist der Gattung Homo eigenthümlich, und in gleicher Weise ihr eigenthümlich das hintere Horn des Seitenventrikels und der >Hippocampus minor<, welche den hintern Lappen jeder Hemisphäre charakterisiren.*« Journal of the Proceedings of the Linnean Society. Vol. II. p. 19.

Da die Abhandlung, in der diese Stelle vorkommt, keinen geringern Zweck hat, als den, die Classification der Säugethiere umzugestalten, so konnte wohl vermuthet werden, ihr Verfasser habe unter dem Eindruck einer besondern Verantwortlichkeit geschrieben und die Angaben, die er vorzubringen wagte, mit besonderer Sorgfalt geprüft. Und selbst wenn dies zu viel erwartet hiesse, Uebereilung oder Mangel an Gelegenheit zur gehörigen Ueberlegung kann zur Entschuldigung etwaiger Irrungen nicht vorgeschoben werden; denn die angeführten Sätze wurden zwei Jahre später in der vor der Universität Cambridge gehaltenen »Read-Lecture«, 1859, wiederholt.

Als die im obigen Auszug cursiv gedruckten Behauptungen zuerst zu meiner Kenntniss gelangten, war ich nicht wenig über einen so directen Widerspruch mit den unter gutunterrichteten Anatomen geläufigen Lehren erstaunt. Da ich aber natürlich glaubte, dass die vorbedachten Angaben einer verantwortlichen Person irgend welche thatsächliche Begründung haben müssten, hielt ich es für meine Pflicht, den Gegenstand von Neuem, schon vor der Zeit, wo es mein Beruf war, in meinen Vorlesungen darüber zu lesen, zu untersuchen. Das Resultat meiner Untersuchung war der Beweis, dass die drei Behauptungen Owen's, dass »der dritte Lappen, das hintere Horn des Seitenventrikels und der Hippocampus minor der Gattung Homo eigenthümlich« seien, den offenbarsten Thatsachen widersprechen. Ich theilte diesen Schluss meinen Zuhörern mit; da ich aber keine Neigung hatte, in einen Streit mich einzulassen, der, mochte sein Ausgang sein, welcher er wolle, der englischen Wissenschaft nicht gerade zur Ehre gereichen konnte, wandte ich mich zusagenderen Arbeiten zu.

Die Zeit kam aber bald, wo ein längeres Beharren in meinem Schweigen mich eines unwürdigen Betrugs an der Wahrheit schuldig gemacht hätte.

Bei der Versammlung der British Association in Oxford, 1860, wiederholte Professor Owen jene Behauptungen in meiner Gegenwart; natürlich widersprach ich ihnen sofort direct und ohne Einschränkung mit dem Versprechen, dies sonst ungewöhnliche Verfahren an einem andern Orte zu rechtfertigen. Dieses Versprechen löste ich durch die Veröffentlichung eines

Artikels in der Januar-Nummer der Natural History Review, worin ich die Wahrheit der drei folgenden Sätze vollständig nachwies (a. a. O. S. 71):

»1. Dass der dritte Lappen dem Menschen weder eigenthümlich noch charakteristisch ist, da er bei allen höheren Quadrumanen existirt;«

»2. dass das hintere Horn des Seitenventrikels dem Menschen weder eigenthümlich noch charakteristisch ist, da auch er bei den höheren Quadrumanen vorhanden ist;«

»3. dass der *Hippocampus minor* dem Menschen weder eigenthümlich noch charakteristisch ist, da er sich bei gewissen höheren Affen findet.«

Ferner enthält der Aufsatz folgende Stelle (S. 76):

»Obgleich endlich Schroeder van der Kolk und Vrolik (a. a. O. S. 271) ausdrücklich bemerken, dass >der Seitenventrikel von dem des Menschen durch sehr mangelhafte Entwicklung des hintern Horns unterschieden ist, in welchem nur ein Streifen als Andeutung des Hippocampus minor sichtbar ist<, so zeigt doch ihre Fig. 4 der zweiten Tafel, dass dies hintere Horn ein völlig deutliches und unverkennbares Gebilde ist, völlig so gross, als es oft beim Menschen ist. Es ist um so merkwürdiger, dass Professor Owen die ausdrücklichen Angaben und Figuren dieser Verfasser übersehen haben sollte, als bei Vergleichung der Figuren augenscheinlich wird, dass sein Holzschnitt des Chimpanzegehirns (a. a. O. S. 19) eine verkleinerte Copie der zweiten Figur auf der ersten Tafel Schroeder van der Kolk's und Vrolik's ist.«

»Gratiolet bemerkt indess ganz richtig (a. a. O. S. 18): >unglücklicherweise war das von ihnen als Modell genommene Gehirn bedeutend verändert (profondément affaissé), weshalb die allgemeine Form des Gehirns auf diesen Tafeln in einer völlig incorrecten Weise wiedergegeben ist.< Es wird allerdings bei einer Vergleichung eines Durchschnitts des Chimpanzeschädels völlig klar, dass dies der Fall ist; und es ist sehr zu bedauern, dass eine so incorrecte Figur als typische Darstellung des Chimpanzegehirns genommen wurde.«

Von dieser Zeit an hätte wohl dem Professor Owen die Unhaltbarkeit seiner Stellung so klar sein müssen, wie jedem Andern; weit davon entfernt aber, die grossen Irrthümer, in welche er gerathen war, zurückzunehmen, bestand er auf ihnen und wiederholte sie: zuerst in einer vor der Royal Institution am 19. März 1861 gehaltenen Vorlesung, welche in der Nummer des Athenaeum vom 23. desselben Monats genau wiedergegeben war, wie Prof. Owen in einem Briefe an dies Journal vom 30. März zugiebt. Der Bericht des Athenaeum war von einer Zeichnung begleitet, die ein Gorillagehirn darstellen sollte, die aber in der That eine so ausserordentlich falsche Darstellung war, dass sie Prof. Owen in dem erwähnten Briefe thatsächlich, wenn auch nicht ausdrücklich zurücknimmt. Beim Verbessern dieses Fehlers fiel aber Prof. Owen in einen andern Irrthum von viel tieferer Bedeutung. Seine Mittheilung schliesst nämlich mit dem folgenden Satze: »In Bezug auf das wahre Verhältniss, in welchem das grosse Gehirn das kleine bei den höchsten Affen bedeckt, verweise ich auf die Abbildung des nicht präparirten Chimpanzegehirns in meiner >Reade's< Vorlesung über die Classification etc. der Säugethiere, S. 25, Fig. 7. 8°. 1859.«

Es würde nun nicht zu glauben sein, wäre es nicht unglücklicherweise wahr, dass diese Figur, auf welche das vertrauende Publicum ohne ein Wort der Erklärung »in Bezug auf das wahre Verhältniss, in dem das grosse Gehirn das kleine bei den höchsten Affen bedeckt«, verwiesen wird, genau jene unanerkannte Copie der Figur Schroeder van der Kolk's und Vrolik's ist, auf deren gänzliche Ungenauigkeit vor Jahren Gratiolet hingewiesen hatte, dessen Ausspruch durch mich in jener Stelle meines oben citirten Aufsatzes in der Natural History Review zu Prof. Owen's Kenntniss gebracht worden war.

Ich lenkte von Neuem die öffentliche Aufmerksamkeit auf diesen Umstand in meiner Erwiderung an Prof. Owen, Athenaeum, 13. April 1861; die verworfene Figur wurde aber noch einmal und ohne die leiseste Andeutung ihrer Ungenauigkeit von Prof. Owen in den Annals of Natural History, June 1861, reproducirt.

Dies war denn doch den ursprünglichen Verfassern der Figur, Schroeder van der Kolk und Vrolik, zu viel. In einem an die Akademie zu Amsterdam, deren Mitglieder sie sind, gerichteten Briefe erklären sie, obgleich entschiedene Gegner jeder Form von Theorie einer progressiven Entwickelung, vor Allem die Wahrheit zu lieben, und dass sie es daher für ihre Pflicht halten, auf die Gefahr hin, einer ihnen missliebigen Theorie eine Stütze darzubieten, bei erster Gelegenheit öffentlich Prof. Owen's Missbrauch ihrer Autorität zurückzuweisen.

In diesem Briefe räumen sie freimüthig die Richtigkeit der oben erwähnten Gratiolet'schen Kritik ein und stellen in neuen und sorgfältigen Figuren den hintern Lappen, das hintere Horn und den Hippocampus minor des Orang dar. Nachdem sie diese Theile in einer Sitzung der Akademie demonstrirt hatten, fügen sie ferner hinzu: »la présence des parties contestées y a été universellement reconnue par les anatomistes présents à la séance. Le seul doute qui soit resté se rapporte au pes Hippocampi minoris ... A l'état frais l'indice du petit pied d'Hippocampe était plus prononcé que maintenant«.

Prof. Owen wiederholte seine irrigen Behauptungen bei der Versammlung der British Association 1861, und erneuerte ohne besondere Nöthigung den Streit bei der Versammlung in Cambridge 1862, wobei er nicht eine einzige neue Thatsache oder einen neuen Beweis beibrachte, auch nicht im Stande war, dem übereinstimmenden, schlagenden Zeugnisse zu begegnen, das die mittlerweile vorgenommenen Zergliederungen zahlreicher Affengehirne (von Prof. Rolleston[34], Mr. Marshall[35], Mr. Flower[36], Mr. Turner[37] und mir selbst)[38]) zu Tage gefördert hatten. Nicht zufrieden mit der ziemlich kräftigen Zurückweisung dieses beispiellosen Verfahrens in Section D der

Versammlung hiess Prof. Owen die Veröffentlichung eines Berichtes über seine Angaben für gut, in den »Medical Times« vom 11. Oct. 1862, der eine seltsame Entstellung der meinigen enthielt (wie aus einem Vergleich mit dem Bericht der »Times« über die Discussion zu ersehen ist). Ich füge den Schluss meiner Entgegnung in derselben Zeitschrift vom 25. October bei:

»Wäre dies eine Sache der Ansicht oder eine Sache der Erklärung von Theilen oder von Bezeichnungen, wäre es selbst eine Sache der Beobachtung, wobei das Zeugniss meiner Sinne gegen das einer andern Person stände, so würde ich beim Erörtern dieses Gegenstandes einen andern Ton annehmen. Ich würde in aller Bescheidenheit die Wahrscheinlichkeit zugeben, dass ich im Urtheilen geirrt, im Erkennen gefehlt, oder von Vorurtheilen geblendet wäre.

Niemand behauptet aber, dass dies ein Streit um Ausdrücke oder Ansichten sei. So neu und aller Autorität bar manche von Prof. Owen's aufgestellten Definitionen gewesen sein mögen, man kann sie annehmen, ohne dadurch die Hauptzüge der Frage zu alteriren. Obgleich daher specielle auf diesen Gegenstand gerichtete Untersuchungen während der letzten zwei Jahre von Dr. Allen Thomson, Dr. Rolleston, Mr. Marshall und Mr. Flower, lauter Anatomen von Ruf in England, und von Schroeder van der Kolk und Vrolik (die Prof. Owen unvorsichtig genug auf seine Seite zu ziehen versuchte) auf dem Continent angestellt worden sind, so haben doch alle diese geschickten und gewissenhaften Beobachter einstimmig die Genauigkeit meiner Angaben bestätigt und die völlige Grundlosigkeit der Behauptungen Prof. Owen's bezeugt. Selbst der ehrwürdige Rudolph Wagner, den Niemand progressionistischer Neigungen anklagen wird, hat seine Stimme für meine Angaben erhoben, während nicht ein einziger Anatom, gross oder klein, Prof. Owen unterstützt hat.

Ich will nun nicht etwa den Vorschlag machen, wissenschaftliche Differenzen durch allgemeine Abstimmung zu entscheiden, ich glaube aber, dass soliden Beweisen etwas Anderes als leere und grundlose Behauptungen entgegengestellt werden muss. In den zwei Jahren nun, durch welche sich dieser Streit hinschleppt, hat Prof. Owen nicht gewagt, ein einziges Präparat zur Begründung seiner oft wiederholten Behauptungen vorzubringen.

Die Sache steht daher so: Meine Angaben sind nicht bloss in Uebereinstimmung mit denen der besten älteren Autoritäten und aller neueren Untersucher, sondern ich bin auch völlig bereit, sie an dem ersten besten zur Hand kommenden Affen zu demonstriren; Prof. Owen's Behauptungen dagegen stehen nicht bloss in directem Widerspruch mit alten und neuen Autoritäten, sondern er hat auch kein einziges Präparat beigebracht und kann keines beibringen, wie ich hinzusetzen will, was sie rechtfertigt.«

Ich verlasse nun den Gegenstand für jetzt. Im Interesse meines Berufes würde ich mich freuen, für immer schweigen zu können. Unglücklicherweise ist es aber ein Gegenstand, bei dem nach Allem, was vorgefallen ist, keine Verwechselung oder Confusion von Ausdrücken möglich ist; und wenn ich behaupte, dass der hintere Lappen, das hintere Horn und der Hippocampus minor bei gewissen Affen existirt, so behaupte ich entweder etwas, das wahr ist, oder von dem ich wissen muss, dass es falsch ist. Die Frage ist hierdurch eine Frage persönlicher Wahrhaftigkeit geworden. Ich für meinen Theil will keinen andern Ausgang des gegenwärtigen Streits annehmen, so traurig er auch ist.

Fußnoten:

[34] On the Affinities of the Brain of the Orang. Nat. Hist. Review, April, 1861.

[35] On the Brain of a young Chimpanzee. Ibid. July, 1861.

[36] On the Posterior lobes of the Cerebrum of the Quadrumana. Philosophical Transactions, 1862.

[37] On the anatomical Relations of the Surfaces of the Tentorium to the Cerebrum and Cerebellum in Man and the lower Mammals. Proceedings of the Royal Society of Edinburgh, March, 1862.

[38] On the Brain of Ateles. Proceedings of Zoological Society, 1861.

III.

Ueber einige fossile menschliche Ueberreste.

Ich habe in der vorhergehenden Abhandlung zu zeigen mich bemüht, dass die Anthropini, oder Familie des Menschen, eine wohl umschriebene Gruppe der Primaten bilden. Zwischen ihr und der unmittelbar folgenden Familie der Catarhini fehlt in der jetzigen Schöpfung irgend eine Uebergangsform oder ein Verbindungsglied ebenso vollständig, wie zwischen den Catarhini und Platyrhini.

Es ist nun aber eine allgemein angenommene Lehre, dass die anatomischen Abstände zwischen den verschiedenen jetzt existirenden Formen der organischen Geschöpfe verkleinert oder selbst zum Verschwinden gebracht werden, wenn wir die lange und vielgestaltige Reihe von Pflanzen und Thieren mit in Betracht ziehen, welche den jetzt lebenden vorausgegangen sind und die wir nur in ihren fossilen Resten kennen. In wie weit diese Ansicht gegründet ist, in wie weit sie andererseits nach dem gegenwärtigen Zustande unserer Kenntniss die wirklichen Thatsachen überschätzt und eine Uebertreibung der sicher aus diesen zu ziehenden Schlüsse enthält, dies sind Punkte von grosser Bedeutung, auf deren Discussion ich mich aber für jetzt nicht einlassen will. Dass überhaupt eine solche Ansicht von den Beziehungen ausgestorbener zu lebenden Wesen ausgesprochen worden ist, reicht hin, uns zu der scrupulösen Untersuchung zu führen, in wie weit die neueren Entdeckungen menschlicher Ueberreste im fossilen Zustande jene Ansicht unterstützen oder ihr widersprechen.

Fig. 23. Der Schädel der Höhle von Engis, von der rechten Seite gesehen. Halbe natürliche Grösse. — *a* glabella, *b* Hinterhauptshöcker (*a* nach *b* Hinterhaupt-Stirnlinie), *c* Oeffnung des knöchernen Gehörgangs.

Ich werde mich bei Erörterung dieser Frage auf jene fragmentären menschlichen Schädel aus den Höhlen von Engis im Meusethal in Belgien und des Neanderthals bei Düsseldorf beschränken, deren geologische Verhältnisse Sir Charles Lyell mit so viel Sorgfalt untersucht hat[39]. Gestützt auf seine Autorität, nehme ich als ausgemacht an, dass der Schädel von Engis einem Zeitgenossen des Mammuth (*Elephas primigenius*) und des wolligen Rhinoceros (*Rhinoceros tichorhinus*) angehörte, mit deren Knochen zusammen er gefunden wurde, dass ferner der Neanderthalschädel von grossem, wennschon unbestimmtem Alter ist. Was auch das geologische Alter des letzteren Schädels sein mag, so halte ich es (nach den gewöhnlichen Grundsätzen paläontologischer Folgerungen) für völlig sicher, anzunehmen, dass nur der erstere bis jenseits der unbestimmten biologischen Grenze hinüberführt, welche die gegenwärtige geologische Epoche von der ihr unmittelbar vorausgehenden trennt. Und es kann auch darüber kein Zweifel bestehen, dass sich die physikalisch geographischen Verhältnisse Europas seit der Zeit wunderbar geändert haben, in welcher Knochen von Menschen, Mammuths, Hyänen und Rhinocerossen bunt durch einander in die Höhle von Engis geschwemmt wurden.

Der Schädel der Höhle von Engis wurde von Professor Schmerling entdeckt und mit anderen gleichzeitig ausgegrabenen menschlichen Ueberresten in seinem werthvollen Werke beschrieben: »Recherches sur les ossemens fossiles découverts dans les cavernes de la province de Liège,« 1833 (S. 59 und folgende), aus welchem die folgenden Stellen, unter möglichster Wahrung der genauen Ausdrucksweise des Verfassers, ausgezogen wurden:

»An erster Stelle muss ich bemerken, dass diese menschlichen Ueberreste in meinem Besitz, ganz wie die Tausende von Knochen, die ich neuerdings ausgegraben habe, durch den Grad der Zersetzung charakterisirt sind, dem sie unterlegen sind und der genau derselbe ist wie bei Knochen ausgestorbener Arten. Alle, mit wenig Ausnahmen, sind zerbrochen; einige sind abgerundet, wie es häufig bei den Resten anderer Arten gefunden wird. Die Brüche sind senkrecht oder schräg; keiner ist erodirt; ihre Farbe weicht nicht von der anderer fossiler Knochen ab und schwankt vom weisslich gelben bis zum schwärzlichen. Alle sind leichter als frische Knochen, mit Ausnahme derer, die kalkig incrustirt sind und deren Höhlungen mit Kalk erfüllt sind.

Der Schädel, den ich auf Taf. I, Fig. 1 und 2 habe abbilden lassen, ist der einer alten Person. Die Nähte beginnen zu verschwinden; alle Gesichtsknochen fehlen und von den Schläfenbeinen ist nur ein Fragment des rechten vorhanden.

Das Gesicht und die Basis des Schädels war schon vor der Ablagerung des Schädels in der Höhle getrennt; denn wir waren nicht im Stande, diese Theile zu finden, obgleich die Höhle planmässig durchsucht wurde. Der Schädel fand sich in einer Tiefe von anderthalb Metern (beinahe 5 Fuss) unter einer aus Ueberbleibseln kleiner Thiere bestehenden Knochenbreccia verborgen, die einen Rhinoceroszahn und mehrere Zähne von Pferden und Wiederkäuern enthielt. Diese oben besprochene Breccia (S. 31) war einen Meter breit (3¼ Fuss ungefähr), und erhob sich zur Höhe von anderthalb Meter über den Boden der Höhle, deren Wänden sie innig anhing.

Die diesen menschlichen Schädel enthaltende Erde zeigte keine Spur einer Störung; Zähne vom Rhinoceros, Pferd, Hyäne und Bär umgaben ihn von allen Seiten.

Der berühmte Blumenbach[40] hat die Aufmerksamkeit auf die Verschiedenheiten gelenkt, die die Schädel verschiedener Rassen in Bezug auf Form und Grösse zeigen. Dies wichtige Werk würde uns wesentlich geholfen haben, wenn nicht das Gesicht, ein zur Bestimmung der Rasse mit grösserer oder geringerer Genauigkeit wesentlicher Theil, an unserem fossilen Schädel gefehlt hätte.

Aber selbst wenn der Schädel vollständig gewesen wäre, sind wir doch überzeugt, dass sich darüber mit Gewissheit etwas nach einem einzigen Exemplar nicht hätte sagen lassen. Denn in ein und derselben Rasse sind individuelle

Abweichungen bei Schädeln so zahlreich, dass man, ohne sich groben Irrthümern auszusetzen, von einem einzelnen Fragment eines Schädels keinen Schluss auf die allgemeine Form des zugehörigen Kopfes ziehen kann.

Um indess keinen Punkt bezüglich der Form dieses Schädels zu vernachlässigen, wollen wir bemerken, dass von Anfang an die lange und schmale Form der Stirn unsere Aufmerksamkeit auf sich zog.

In der That nähern die geringe Erhebung der Stirnbeine, ihre geringe Breite und die Form der Augenhöhle den Schädel mehr dem eines Negers als dem eines Europäers. Auch sind, wie wir glauben, die in der verlängerten Form und dem vorstehenden Hinterhaupte liegenden Merkmale in unserem fossilen Schädel nachzuweisen. Um aber allen Zweifel hierüber zu entfernen, habe ich die Contouren eines Europäer- und eines Negerschädels zeichnen und die Stirnen darstellen lassen. Taf. II, Fig. 1 und 2 und die Fig. 3 und 4 derselben Tafel werden die Verschiedenheiten leicht erkennbar machen; und ein einfacher Blick auf die Figuren wird instructiver sein als eine lange und ermüdende Beschreibung.

Zu welchem Schlusse wir auch über den Ursprung des Menschen, dem dieser Schädel angehörte, kommen mögen, eine Ansicht können wir wenigstens aussprechen, ohne uns einer fruchtlosen Controverse auszusetzen. Ein Jeder mag die ihm am wahrscheinlichsten scheinende Hypothese annehmen. Ich für meinen Theil halte es für bewiesen, dass dieser Schädel einer Person von beschränkten geistigen Fähigkeiten angehörte, und hieraus schliessen wir, dass er einem Menschen von niederer Civilisation angehörte, ein Schluss, der durch einen Vergleich der Stirngegend mit der Hinterhauptsgegend gerechtfertigt wird.

Ein anderer Schädel eines jungen Individuums wurde am Boden der Höhle neben einem Elephantenzahn entdeckt; der Schädel war bei seiner Auffindung ganz; im Augenblick aber, wo er emporgehoben wurde, fiel er in Stücke, die ich bis jetzt nicht wieder zusammenzusetzen im Stande war. Auf Taf. I, Fig. 5 habe ich aber die Knochen des Oberkiefers abbilden lassen. Der Zustand der Alveolen und der Zähne zeigt, dass die wahren Backzähne das Zahnfleisch noch nicht durchbrochen hatten. Einzelne Milchbackzähne und einige Fragmente eines menschlichen Schädels rühren von derselben Stelle her. Fig. 3 stellt einen menschlichen obern Schneidezahn dar, dessen Grösse in der That merkwürdig ist[41].

Fig. 4 stellt einen Oberkieferknochen dar, dessen Backzähne bis auf die Wurzeln abgerieben waren.

Ich besitze zwei Wirbelbeine, einen ersten und letzten Rückenwirbel.

Ein linkes Schlüsselbein (s. Taf. III, Fig. 1); obgleich einem jungen Individuum angehörig, zeigt der Knochen doch, dass es von grosser Gestalt gewesen sein muss[42].

Zwei Fragmente des Radius, schlecht erhalten, deuten an, dass die Grösse des Menschen, dem sie gehörten, nicht über fünf und einen halben Fuss betrug.

In Bezug auf die Reste der Oberextremitäten bestehen die in meinem Besitz befindlichen nur aus einem Fragment einer Ulna und eines Radius (Taf. III, Fig. 5 und 6).

Taf. IV, Fig. 2 stellt einen in der erwähnten Knochenbreccia enthaltenen Mittelhandknochen dar; er fand sich im untern Theil oberhalb des Schädels; hierzu kommen noch in verschiedenen Abständen gefundene

Mittelhandknochen, ein halbes Dutzend Mittelfussknochen, drei Fingerphalangen und eine von den Zehen.

Dies ist eine kurze Aufzählung der in der Höhle von Engis gefundenen Reste menschlicher Knochen; sie gehören drei Individuen an, die von Resten von Elephanten, Rhinoceros und Fleischfressern in, der jetzigen Schöpfung unbekannten Arten umgeben waren.«

Aus der Höhle von Engihoul, der von Engis gegenüber, auf dem rechten Ufer der Meuse, erhielt Schmerling Reste von drei anderen menschlichen Individuen, unter denen sich nur zwei Fragmente von Scheitelbeinen, aber viele Extremitätenknochen fanden. In einem Falle war ein zerbrochenes Fragment einer Ulna mit einem gleichen Fragment eines Radius durch Stalagmiten verbunden, ein häufig bei den in den belgischen Höhlen gefundenen Knochen des Höhlenbären (*Ursus spelaeus*) beobachteter Zustand.

In der Höhle von Engis fand Professor Schmerling, mit Stalagmiten incrustirt und einem Steine verbunden, das spitze knöcherne Werkzeug, das er in Fig. 7 seiner Tafel XXXVI. abgebildet hat. Bearbeitete Feuersteine wurden von ihm in all den belgischen Höhlen gefunden, die zahlreiche fossile Knochen enthielten.

Ein kurzer Brief Geoffroy St. Hilaire's in den Comptes rendus der Académie d. Sc. in Paris vom 2. Juli 1838 spricht von einem (wie es scheint sehr flüchtigen) Besuche in der Sammlung des Professor »Schermidt« (muthmaasslich ein Druckfehler für Schmerling) in Lüttich. Der Schreiber kritisirt kurz die Schmerling's Werk illustrirenden Zeichnungen und giebt an, dass »der menschliche Schädel etwas länger als in der Abbildung« sei. Die einzige weitere erwähnenswerthe Bemerkung ist folgende: »Das Aussehen der menschlichen Knochen weicht nur wenig von dem uns bekannten der Höhlenknochen ab, von denen an demselben Orte eine beträchtliche Sammlung vorhanden ist. In Bezug auf ihre speciellen Formen können im Vergleich mit den Varietäten recenter Menschenschädel nur wenig *sichere* Schlüsse aufgestellt werden; denn zwischen verschiedenen Exemplaren gut charakterisirter Varietäten bestehen viel grössere Verschiedenheiten, als zwischen dem fossilen Schädel von Lüttich und irgend einer dieser, zum Ausgangspunkt der Vergleichung gewählten Varietäten.«

Geoffroy St. Hilaire's Bemerkungen sind, wie man sieht, wenig mehr als eine Wiedergabe der philosophischen Zweifel des Entdeckers und Beschreibers dieser Reste. Was die Kritik über Schmerling's Figuren betrifft, so finde ich allerdings, dass die von ihm gegebene Seitenansicht ungefähr $^{3}/_{10}$ Zoll kürzer als das Original ist, und dass die Ansicht von vorn ungefähr in demselben Betrag verkleinert ist. Im Uebrigen ist die Darstellung in keiner Weise inaccurat, sondern stimmt sehr wohl mit dem Abgusse überein, den ich besitze.

Ein Stück des Hinterhaupts, welches Schmerling entgangen zu sein scheint, ist seitdem dem übrigen Schädel von dem ausgezeichneten Naturforscher Dr. Spring in Lüttich angepasst worden, unter dessen Leitung ein vorzüglicher Gypsabguss für Sir Charles Lyell gemacht wurde. An einer Doublette dieses Abgusses habe ich meine Beobachtungen angestellt und nach ihr hat mein Freund Busk die beifolgenden Figuren gezeichnet, deren Contouren nach sorgfältigen Camera lucida Zeichnungen auf halbe natürliche Grösse reducirt wurden.

Wie Schmerling bemerkt, ist die Schädelbasis zerstört und die Gesichtsknochen fehlen völlig; die Schädeldecke aber, Stirnbeine, Scheitelbeine und der grössere Theil der

Hinterhauptsknochen bis zur Mitte des Hinterhauptsloches sind beinahe vollständig. Das linke Schläfenbein fehlt. Vom rechten Schläfenbein sind die Theile in der unmittelbaren Umgebung des äussern Gehörgangs, der Zitzenfortsatz und ein ansehnlicher Theil der Schuppe wohl erhalten (Fig. 23).

Die Bruchlinien zwischen den an einander gefügten Stücken des Schädels, die in Schmerling's Figur treu wiedergegeben sind, sind am Abguss leicht nachzuweisen. Auch die Nähte sind erkennbar, die complicirte Form ihrer Zähnelung, die die Figur wiedergiebt, ist aber im Abguss nicht klar. Obschon die den Muskeln als Ansatzstellen dienenden Leisten nicht gerade ausserordentlich vorspringen, so sind sie doch gut ausgeprägt, und hält man sie mit den scheinbar gut entwickelten Stirnhöhlen und dem Zustande der Nähte zusammen, so hinterlassen sie bei mir keinen Zweifel, dass der Schädel der eines Erwachsenen, wenn nicht eines Mannes im mittlern Alter ist.

Fig. 24. Der Schädel von Engis, von oben (A) und vorn (B)

gesehen.

Die grösste Länge des Schädels ist 7,7 Zoll. Seine grösste Breite, die dem Abstand der Parietalhöcker sehr nahe liegt, beträgt nicht mehr als 5,4 Zoll. Das Verhältniss der Länge zur Breite ist also nahebei 100:70. Wird eine Linie von dem Punkte aus, wo die Augenbraue nach der Nase hin sich einbiegt, von der sogenannten Glabella (*a* in Fig. 23) nach dem Hinterhauptshöcker (*b*, Fig. 23) gezogen und der höchste Punkt des Schädelbogens senkrecht von dieser Linie gemessen, so ergeben sich 4,75 Zoll. Von oben gesehen (Fig. 24, *A*) zeigt die Stirn eine gleichmässig abgerundete Curve, die in die Contouren der Seiten und des hintern Theils des Schädels zur Bildung einer ziemlich regelmässigen elliptischen Curve übergeht.

Die Ansicht von vorn (Fig. 24, *B*) zeigt, dass die Schädeldecke regelmässig und elegant in querer Richtung gebogen war, und dass der Querdurchmesser eher etwas unter als über den Parietalhöckern lag. Die Stirn kann im Verhältniss zum übrigen Schädel nicht schmal genannt werden, ebenso wenig zurücktretend; im Gegentheil ist der Umriss des Schädels von vorn nach hinten gut gewölbt, so dass der Abstand entlang der Krümmung von der Einbucht an der Nasenwurzel his zum Hinterhauptshöcker 13,75 Zoll misst. Der quere Bogen des Schädels von einem Gehörgang zum andern quer über die Pfeilnaht ist ungefähr 13 Zoll. Die Pfeilnaht selbst ist 5,5 Zoll lang.

Die Augenbrauenhöcker (zu beiden Seiten von *a* in Fig. 23) sind gut, wenn auch nicht excessiv entwickelt und durch eine mittlere Vertiefung getrennt. Ihre grösste Erhebung liegt so schräg, dass ich sie für abhängig von grossen Stirnhöhlen halte.

Wird die, die Glabella mit dem Hinterhauptshöcker

verbindende Linie (*ab*, Fig. 23) horizontal gelegt, so springt kein Theil der Hinterhauptsgegend mehr als $^1/_{10}$ Zoll über das hintere Ende der Linie vor, und der obere Rand des Gehörgangs (*c*, Fig. 23) berührt beinahe eine auf der äussern Oberfläche des Schädels mit jener parallel gezogene Linie.

Eine quer von einem Gehörgang zum andern gezogene Linie durchsetzt wie gewöhnlich den vordern Theil des Hinterhauptsloches. Der Rauminhalt des Innern dieses fragmentären Schädels ist nicht bestimmt worden.

Die Geschichte der menschlichen Ueberreste aus der Höhle im Neanderthal wird am besten mit den Worten ihres ursprünglichen Beschreibers, Dr. Schaaffhausen[43], gegeben.

»Als zu Anfang des Jahres 1857 der Fund eines menschlichen Skelets in einer Kalkhöhle des Neanderthals bei Hochdal zwischen Düsseldorf und Elberfeld bekannt wurde, gelang es mir nur, einen in Elberfeld gefertigten Gypsabguss der Hirnschale zu erhalten, über deren auffallende Bildung ich zuerst in der Sitzung der niederrh. Gesellsch. für Natur- und Heilkunde in Bonn am 4. Februar 1857 berichtet habe[44]. Hierauf brachte Herr Dr. Fuhlrott aus Elberfeld, dem es zu danken ist, dass diese Anfangs für Thierknochen gehaltenen Gebeine in Sicherheit gebracht und der Wissenschaft erhalten worden sind, und dem es später gelang, die Knochen in seinen Besitz zu bringen, dieselben nach Bonn und überliess sie mir zur genaueren anatomischen Untersuchung. Bei Gelegenheit der Generalversammlung des naturhist. Vereins der preussisch. Rheinlande und Westphalens in Bonn am 2. Juni 1857[45] gab Herr Dr. Fuhlrott eine ausführliche Darstellung des

Fundortes und eine Beschreibung der Auffindung selbst; er glaubte diese menschlichen Gebeine als fossile bezeichnen zu dürfen und legte in dieser Beziehung besondern Werth auf die vom Herrn Geheimrath Professor Dr. Mayer zuerst beobachteten Dendriten, welche diese Knochen überall bedecken. Dieser Mittheilung liess ich einen kurzen Bericht über die von mir angestellte anatomische Untersuchung der Knochen folgen, als deren Ergebniss ich die Behauptung aufstellte, dass die auffallende Form dieses Schädels für eine natürliche Bildung zu halten sei, welche bisher nicht bekannt geworden sei, auch bei den rohesten Rassen sich nicht finde, dass diese merkwürdigen menschlichen Ueberreste einem höhern Alterthume als der Zeit der Celten und Germanen angehörten, vielleicht von einem jener wilden Stämme herrührten, von denen römische Schriftsteller Nachricht geben und welche die indogermanische Einwanderung als Autochthonen vorfand, und dass die Möglichkeit, diese menschlichen Gebeine stammten aus einer Zeit, in der die zuletzt verschwundenen Thiere des Diluvium auch noch lebten, nicht bestritten werden könne, ein Beweis für diese Annahme, also für die sogenannte Fossilität der Knochen in den Umständen der Auffindung aber nicht vorliege.

Da Herr Dr. Fuhlrott eine Beschreibung derselben noch nicht veröffentlicht hat, so entlehne ich einer brieflichen Mittheilung desselben die folgenden Angaben: »Eine kleine, etwa 15 Fuss tiefe, an der Mündung 7 bis 8 Fuss breite mannshohe Höhle oder Grotte liegt in der südlichen Wand der sogenannten Neanderthaler Schlucht, etwa 100 Fuss von der Düssel entfernt und etwa 60 Fuss über der Thalsohle des Baches. In ihrem frühern unversehrten Zustande mündete dieselbe auf ein schmales ihr vorliegendes Plateau, von welchem dann die Felswand fast senkrecht in die Tiefe abschoss, und war von oben herab, wenn auch mit Schwierigkeit, zugänglich. Ihre unebene Bodenfläche war mit einer 4 bis 5 Fuss mächtigen mit rundlichen Hornstein-Fragmenten sparsam gemengten Lehmablagerung bedeckt, bei deren Wegräumung die fraglichen Gebeine, und zwar von der Mündung der Grotte aus zuerst der Schädel, dann weiter nach innen in gleicher horizontaler Lage mit jenem die übrigen Gebeine aufgefunden wurden. So haben zwei Arbeiter, welche die Ausräumung der Grotte besorgten und die von mir an Ort und Stelle darüber vernommen wurden, auf das Bestimmteste versichert. Die Knochen wurden anfänglich gar nicht für menschliche gehalten, und erst mehrere Wochen nach ihrer Auffindung von mir dafür erkannt und in Sicherheit gebracht. Weil man aber die Wichtigkeit des Fundes nicht achtete, so verfuhren die Arbeiter beim Einsammeln der Knochen sehr nachlässig und sammelten vorzugsweise die grösseren, welchem Umstande es zuzuschreiben, dass das wahrscheinlich vollständig vorhandene Skelet nur sehr fragmentarisch in meine Hände gekommen ist.«

Das Ergebniss der von mir vorgenommenen anatomischen Untersuchung dieser Gebeine ist das folgende:

Die Hirnschale ist von ungewöhnlicher Grösse und von lang elliptischer Form. Am meisten fällt sogleich als besondere Eigenthümlichkeit die ausserordentlich starke Entwickelung der Stirnhöhlen auf, wodurch die Augenbrauenbogen, welche in der Mitte ganz mit einander verschmolzen sind, so vorspringend werden, dass über oder vielmehr hinter ihnen das Stirnbein eine beträchtliche Einsenkung zeigt und ebenso in der Gegend der Nasenwurzel ein tiefer Einschnitt gebildet wird. Die Stirn ist schmal und flach, die mittleren und hinteren Theile des Schädelgewölbes sind indessen gut entwickelt. Leider ist die

Hirnschale nur bis zur Höhe der obern Augenhöhlenwand des Stirnbeins und der sehr stark ausgebildeten und fast zu einem horizontalen Wulste vereinigten oberen halbkreisförmigen Linien der Hinterhauptsschuppe erhalten; sie besteht aus dem fast vollständigen Stirnbeine, beiden Scheitelbeinen, einem kleinen Stücke der einen Schläfenschuppe und dem obern Drittheil des Hinterhauptbeins. Frische Bruchflächen an den Schädelknochen beweisen, dass der Schädel beim Auffinden zerschlagen worden ist. Die Hirnschale fasste 16876 Gran Wasser, woraus sich ein Inhalt von 57,64 Cubikz. = 1033,24 Cubikcentimeter berechnet. Hierbei stand der Wasserspiegel gleich mit der obern Orbitalwand des Stirnbeins, mit dem höchsten Querschnitt des Schuppenrandes der Scheitelbeine und mit den oberen halbkreisförmigen Linien des Hinterhaupts. Mit Hirse gemessen, war der Inhalt gleich 31 Unzen preuss. Medicinalgewicht. Die halbkreisförmige Linie, welche den obern Ansatz des Schläfenmuskels bezeichnet, ist zwar nicht stark entwickelt, reicht aber bis über die Hälfte der Scheitelbeine hinauf. Auf dem rechten Orbitalrande befindet sich eine schräge Furche, die auf eine Verletzung während des Lebens deutet[46]; auf dem rechten Scheitelbein eine erbsengrosse Vertiefung. Die Kronennaht und die Pfeilnaht sind aussen beinahe, auf der Innenfläche des Schädels spurlos verwachsen; die lambdaförmige Naht indessen gar nicht. Die Gruben für die pachionischen Drüsen sind tief und zahlreich; ungewöhnlich ist eine tiefe Gefässrinne, die gerade hinter der Kronennaht liegt und in einem Loche endigt, also den Verlauf einer Vena emissaria bezeichnet. Die Stirnnaht ist äusserlich als eine leise Erhebung bemerklich; da wo sie auf die Kronennaht stösst, zeigt auch diese sich wulstig erhoben, die Pfeilnaht ist vertieft, und über der Spitze der Hinterhauptsschuppe sind die Scheitelbeine eingedrückt. Die Länge des Schädels, von dem Nasenfortsatz über den Scheitel bis zu den oberen

halbkreisförmigen Linien des Hinterhaupts gemessen, beträgt 303^{mm} (300)[47] = 12,0".		
Der Umfang der Hirnschale, über die Augenbrauenbogen und die oberen halbkreisförmigen Linien des Hinterhaupts so gemessen, dass das Band überall anlag	590 (590) = 23,37"	od. 23".
Breite des Stirnbeins von der Mitte des Schläfengrubenrandes einer Seite zur andern	104 (114) = 4,1"	— 4,5".
Länge der Stirnbeine vom Nasenfortsatz bis zur Kronennaht	133 (125) = 5,25"	— 5".
Grösste Breite der Stirnbeinhöhlen	25 (23) = 1,0"	— 0,9".
Scheitelhöhe über der Linie, welche den höchsten Ausschnitt der Schläfenränder beider Scheitelbeine verbindet	70 = 2,75".	
Breite des Hinterhaupts von einem Scheitelhöcker zum andern	138 (150) = 5,4"	— 5,9".
Die Spitze der Schuppe ist von der obern halbkreisförmigen Linie des Hinterhaupts entfernt	51 (60) = 1,9"	— 2,4".
Dicke des Schädels in der Gegend der Scheitelhöcker	8	

Dicke des Schädels an der Spitze der Hinterhauptsschuppe	9	
Dicke des Schädels in der Gegend der oberen halbkreisförmigen Linien des Hinterhaupts	10	= 0,3".

Ausser der Hirnschale sind folgende Knochen vorhanden:

1) Die zwei ganz erhaltenen Oberschenkelbeine; sie zeichnen sich wie die Hirnschale und alle übrigen Knochen durch ungewöhnliche Dicke und durch die starke Ausbildung aller Höcker, Gräten und Leisten, die dem Ansatze der Muskeln dienen, aus. In dem anatomischen Museum von Bonn befinden sich als sogenannte Riesenknochen zwei Oberschenkelbeine aus neuerer Zeit, mit denen die vorliegenden an Dicke ziemlich genau übereinstimmen, wiewohl sie an Länge von jenen übertroffen werden.

	Riesenknochen		Fossile Knochen	
Länge	542^{mm} =	21,4" ...	438^{mm} =	17,4".
Durchmesser des Oberschenkelkopfes	54^{mm} =	2,14" ...	53^{mm} =	2,0".
Durchmesser des untern Gelenkendes von einem Condylus zum andern	89^{mm} =	3,5" ...	87^{mm} =	3,4".
Durchmesser des Oberschenkelknochens in der Mitte	33^{mm} =	1,2" ...	30^{mm} =	1,1".

2) Ein ganz erhaltener Oberarmknochen, dessen Grösse ihn als zu den Oberschenkelknochen gehörig erkennen lässt.

Länge des Oberarmbeins 312^{mm} = 12,3". Dicke in der Mitte desselben 26^{mm} = 1,0". Durchmesser des Gelenkkopfes 49^{mm} = 1,9".

Ferner eine vollständige rechte Speiche von entsprechender Grösse und das obere Drittheil eines rechten Ellenbogenbeins, welches zum Oberarmbein und zur Speiche passt.

3) Ein linkes Oberarmbein, an dem das obere Drittheil fehlt, und welches so viel dünner ist, dass es von einem andern Menschen herzurühren scheint; ein linkes Ellenbogenbein, das zwar vollständig aber krankhaft verbildet ist, indem der Proc. coronoideus durch Exostose so vergrössert ist, dass die Beugung gegen den Oberarmknochen, dessen zur Aufnahme jenes Fortsatzes bestimmte Fossa ant. major auch durch Knochenwucherung geschwunden ist, nur bis zum rechten Winkel möglich war. Dabei ist der Proc. anconaeus stark nach unten gekrümmt. Da der Knochen keine Spuren rhachitischer Erkrankung zeigt, so ist anzunehmen, dass eine Verletzung während des Lebens Ursache der Ankylose war. Diese linke Ulna mit dem rechten Radius verglichen lässt auf den ersten Blick vermuthen, dass beide Knochen verschiedenen Individuen angehört haben, denn die Ulna ist für die Verbindung mit einem solchen Radius um mehr als einen halben Zoll zu kurz. Aber es ist klar, dass diese Verkürzung, sowie die Schwäche des linken Oberarmbeins Folgen der angeführten krankhaften Bildung sind.

4) Ein linkes Darmbein, fast vollständig und zu dem Oberschenkelknochen gehörig, ein Bruchstück des rechten Schulterblattes, ein fast vollständiges rechtes Schlüsselbein, das vordere Ende einer Rippe rechter Seite und dasselbe einer Rippe linker Seite, endlich zwei kurze hintere und ein

mittleres Rippenstück, die ihrer ungewöhnlichen abgerundeten Form und starken Krümmung wegen fast mehr Aehnlichkeit mit den Rippen eines Fleischfressers als mit denen des Menschen haben. Doch wagte auch Herr H. v. Meyer, um dessen Urtheil ich gebeten, nicht, sie für Thierrippen zu erklären, und es bleibt nur anzunehmen übrig, dass eine ungewöhnlich stark entwickelte Muskulatur des Thorax diese Abweichung der Form bedingt hat.

Die Knochen kleben sehr stark an der Zunge, der Knochenknorpel ist indessen, wie die chemische Behandlung desselben mit Salzsäure lehrt, zum grössten Theil erhalten, nur scheint derselbe jene Umwandlung in Leim erfahren zu haben, welche v. Bibra an fossilen Knochen beobachtet hat. Die Oberfläche aller Knochen ist an vielen Stellen mit kleinen schwarzen Flecken bedeckt, die, namentlich mit der Loupe betrachtet, sich als sehr zierliche Dendriten erkennen lassen und zuerst vom Herrn Geheimrath Professor Dr. Mayer hierselbst an denselben beobachtet worden sind. Auf der innern Seite der Schädelknochen sind sie am deutlichsten. Sie bestehen aus einer Eisenverbindung und ihre schwarze Farbe lässt Mangan als Bestandtheil vermuthen. Derartige dendritische Bildungen finden sich nicht selten auch auf Gesteinschichten und kommen meist auf kleinen Rissen und Spalten hervor. Mayer theilte in der Sitzung der niederrheinischen Gesellschaft in Bonn am 1. April 1857 mit, dass er im Museum zu Poppelsdorf an mehreren fossilen Thierknochen, namentlich von *Ursus spelaeus*, solche dendritische Krystallisationen gefunden habe, am zahlreichsten und schönsten aber an den fossilen Knochen und Zähnen von *Equus adamiticus, Elephas primigenius* etc. aus den Höhlen von Balve und Sundwig; eine schwache Andeutung solcher Dendriten zeigte sich an einem

Römerschädel aus Siegburg, während andere alte Schädel, die Jahrhunderte lang in der Erde gelegen, keine Spur derselben zeigten[48]. Herrn H. v. Meyer verdanke ich darüber folgende briefliche Bemerkung:

»Interessant ist die bereits begonnene Dendritenbildung, die ehedem als ein Zeichen wirklich fossilen Zustandes angesehen wurde. Man glaubte namentlich bei Diluvialablagerungen sich der Dendriten bedienen zu können, um etwa später dem Diluvium beigemengte Knochen von den wirklich diluvialen mit Sicherheit zu unterscheiden, indem man die Dendriten ersteren absprach. Doch habe ich mich längst überzeugt, dass weder der Mangel an Dendriten für die Jugend noch deren Gegenwart für höheres Alter einen sicheren Beweis abgibt. Ich habe selbst auf Papier, das kaum über ein Jahr alt sein konnte, Dendriten wahrgenommen, die von denen auf fossilen Knochen nicht zu unterscheiden waren. So besitze ich auch einen Hundeschädel aus der römischen Niederlassung des benachbarten Heddersheim, Castrum Hadrianum, der von den fossilen Knochen aus den fränkischen Höhlen sich in nichts unterscheidet; er zeigt dieselbe Farbe und haftet an der Zunge wie diese, so dass auch dieses Kennzeichen, welches auf der frühern Versammlung der deutschen Naturforscher in Bonn zu ergötzlichen Scenen zwischen Buckland und Schmerling führte, seinen Werth verloren hat. Es lässt sich sonach in streitigen Fällen kaum durch die Beschaffenheit des Knochens mit Sicherheit entscheiden, ob er fossil, eigentlich ob ihm ein geologisches Alter zustehe oder ob er aus historischer Zeit stamme.«

Da wir die Vorwelt nicht mehr wie einen ganz andern Zustand der Dinge betrachten können, aus dem kein Uebergang in das organische Leben der Gegenwart stattfand, so hat die Bezeichnung der Fossilität eines

Knochens nicht mehr den Sinn wie zu Cuvier's Zeit. Es sind der Gründe genug vorhanden für die Annahme, dass der Mensch schon mit den Thieren des Diluviums gelebt hat, und mancher rohe Stamm mag vor aller geschichtlichen Zeit mit den Thieren des Urwaldes verschwunden sein, während die durch Bildung veredelten Rassen das Geschlecht erhalten haben. Die vorliegenden Knochen besitzen Eigenschaften, die, wiewohl sie nicht entscheidend für ein geologisches Alter sind, doch jedenfalls für ein sehr hohes Alter derselben sprechen. Es sei noch bemerkt, dass, so gewöhnlich auch das Vorkommen diluvialer Thierknochen in den Lehmablagerungen der Kalkhöhlen ist, solche bis jetzt in den Höhlen des Neanderthals nicht gefunden worden sind, und dass die Knochen unter einem nur 4 bis 5 Fuss mächtigen Lehmlager ohne eine schützende Stalagmitendecke den grössten Theil ihrer organischen Substanz behalten haben.

Diese Umstände können gegen die Wahrscheinlichkeit eines geologischen Alters angeführt werden. Auch würde es nicht zu rechtfertigen sein, in dem Schädelbau etwa den rohesten Urtypus des Menschengeschlechts erkennen zu wollen, denn es giebt von den lebenden Wilden Schädel, die, wenn sie auch eine so auffallende Stirnbildung, die in der That an das Gesicht der grossen Affen erinnert, nicht aufweisen, doch in anderer Beziehung, z. B. in der grössern Tiefe der Schädelgruben und den grätenartig vorspringenden Schläfenlinien und einer im Ganzen kleinern Schädelhöhle, auf einer ebenso tiefen Stufe der Entwickelung stehen. Die stark eingedrückte Stirn für eine künstliche Abflachung zu halten, wie sie bei rohen Völkern der neuen und alten Welt vielfach geübt wurde, dazu fehlt jeder Anlass, der Schädel ist ganz symmetrisch gebildet, während nach Morton an den Flachköpfen des Columbia Stirn- und Scheitelbeine immer unsymmetrisch sind, und zeigt keine Spur eines Gegendruckes in der Hinterhauptsgegend. Seine Bildung zeigt jene geringe Entwickelung des Vorderkopfes, die so häufig schon an sehr alten Schädeln gefunden wurde und einer der sprechendsten Beweise für den Einfluss der Cultur und Civilisation auf die Gestalt des menschlichen Schädels ist.«

An einer spätern Stelle bemerkt Dr. Schaaffhausen:

»Die ungewöhnliche Entwickelung der Stirnhöhlen an dem so merkwürdigen Schädel aus dem Neanderthale nur für eine individuelle oder pathologische Abweichung zu halten, dazu fehlt ebenfalls jeder Grund; sie ist unverkennbar ein Rassentypus und steht mit der auffallenden Stärke der übrigen Knochen des Skelets, welche das gewöhnliche Maass um etwa $\frac{1}{3}$ übertrifft, in einem physiologischen Zusammenhange. Diese Ausdehnung der Stirnhöhlen, welche Anhänge der Athemwege sind, deutet ebenso auf eine ungewöhnliche Kraft und Ausdauer der Körperbewegungen, wie die Stärke aller Gräten und Leisten, welche dem Ansatze der Muskeln dienen, an diesen Knochen darauf schliessen lässt. Dass grosse Stirnhöhlen und eine dadurch veranlasste stärkere Wölbung der untern Stirngegend diese Bedeutung haben, wird durch andere Beobachtungen vielfach bestätigt. Dadurch unterscheidet sich nach Pallas das verwilderte Pferd vom zahmen, nach Cuvier der fossile Höhlenbär von jeder jetzt lebenden Bärenart, nach Roulin das in Amerika verwilderte und dem Eber wieder ähnlich gewordene Schwein von dem zahmen, die Gemse von der Ziege, endlich die durch den starken Knochen- und Muskelbau ausgezeichnete Bulldogge von allen anderen Hunden. An dem vorliegenden Schädel den Gesichtswinkel zu bestimmen, der nach R. Owen auch bei den grossen Affen wegen der stark vorstehenden obern Augenhöhlengräte schwer anzugeben ist, wird noch dadurch erschwert, weil sowohl die Ohröffnung als der Nasenstachel fehlt; benutzt man die zum Theil erhaltene obere Augenhöhlenwand zur richtigen Stellung des Schädels gegen die Horizontalebene und legt man die aufsteigende Linie an die Stirnfläche hinter dem Wulste der Augenbrauenbogen, so beträgt der Gesichtswinkel nicht mehr als 56°[49]. Leider ist nichts von den Gesichtsknochen erhalten, deren Bildung für die Gestalt und den Ausdruck des Kopfes so bestimmend ist. Die Schädelhöhle lässt mit Rücksicht auf die ungemeine Kraft des Körperbaues auf eine geringe Hirnentwickelung schliessen. Die Hirnschale fasst 31 Unzen Hirse; da für die ganze Hirnhöhle nach Verhältniss der fehlenden Knochen des Schädelgrundes etwa 6 Unzen hinzuzurechnen wären, so würde sich ein Schädelinhalt von 37 Unzen Hirse ergeben. Tiedemann giebt für den Schädelinhalt von Negern 40, 38 und 35 Unzen Hirse an, Wasser fasst die Hirnschale etwas mehr als 36 Unzen, welche einem Inhalt von 1033,24 Cubikcentim. entsprechen. Huschke führt den Schädelinhalt einer Negerin mit 1127 Cubikcentim., den eines alten Negers mit 1146 Cubikcentim. an. Der Inhalt von Malaienschädeln mit Wasser gemessen ergab 30 bis 33 Unzen, der der klein gebauten Hindus vermindert sich sogar bis zu 27 Unzen.«

Nach Vergleichung des Neanderthal-Schädels mit vielen anderen alten und neuen kommt Professor Schaaffhausen zu dem Schlusse:

»Die menschlichen Gebeine und der Schädel aus dem Neanderthale übertreffen aber alle die anderen an jenen Eigenthümlichkeiten der Bildung, die auf ein rohes und wildes Volk schliessen lassen; sie dürfen, sei nun die Kalkhöhle, in der sie ohne jede Spur menschlicher Cultur gefunden worden sind, der Ort ihrer Bestattung, oder seien sie, wie anderwärts die Knochen erloschener

Thiergeschlechter, in dieselbe hineingeschwemmt worden, für das älteste Denkmal der früheren Bewohner Europas gehalten werden.«

Mr. Busk, der Uebersetzer der Schaaffhausen'schen Abhandlung, hat uns in den Stand gesetzt, uns eine lebhafte Vorstellung von dem niedern Charakter des Neanderthal-Schädels zu machen, dadurch, dass er neben die Umrisse desselben die eines Chimpanze in derselben absoluten Grösse gestellt hat.

Fig. 25. Der Schädel aus der Neanderthalhöhle. *A* Ansicht von der Seite, *B* von vorn, *C* von oben. Halbe natürliche Grösse. Die Umrisse nach Camera lucida-Zeichnungen von Mr. Busk in halber natürlicher Grösse, die Details nach dem Abgusse und Dr. Fuhlrott's Photographien. *a* Glabella, *b* Hinterhauptshöcker, *d* Lambdanaht.

Einige Zeit nach Veröffentlichung der Uebersetzung von Schaaffhausen's Abhandlung wurde ich auf ein noch aufmerksameres Studium des Neanderthal-Schädels geführt, als ich ihm vorher gewidmet hatte, da ich Sir Charles Lyell mit einer Zeichnung zu versehen wünschte, welche die Eigenthümlichkeiten dieses Schädels im Vergleich mit anderen menschlichen Schädeln darböte[50]. Um dies zu thun, war es nothwendig, diejenigen Punkte an den Schädeln präcis zu bestimmen, die sich anatomisch entsprachen. Von diesen Punkten war die Glabella deutlich genug; als ich aber einen zweiten durch den

Hinterhauptshöcker und die obere halbkreisförmige Linie bestimmt und den Umriss des Neanderthal-Schädels so auf den des Schädels von Engis gelegt hatte, dass Glabella und Hinterhauptshöcker beider von derselben geraden Linie durchschnitten wurden, war der Unterschied so enorm und die Abplattung des Neanderthal-Schädels so ungeheuer (vergl. Fig. 23 und Fig. 25 A), dass ich zuerst glaubte, irgend einen Fehler begangen zu haben. Und ich war um so mehr geneigt, dies zu vermuthen, als bei gewöhnlichen menschlichen Schädeln der Hinterhauptshöcker und die obere halbkreisförmig gebogene Linie auf der äussern Oberfläche des Hinterhaupts ziemlich genau den seitlichen Sinus und der Ansatzlinie des Tentorium innen entsprechen. Auf dem Tentorium ruht aber, wie ich in der zweiten Abhandlung gezeigt habe, der hintere Lappen des Gehirns; und daher geben annähernd der Hinterhauptshöcker und die fragliche gebogene Linie die untere Grenze dieses Lappens an. War es möglich, dass ein menschliches Wesen ein so abgeplattetes und deprimirtes Gehirn hatte; oder hatten die Muskelleisten ihre Lage verändert? Um diese Zweifel zu lösen und die Frage zu entscheiden, ob die starken Augenbrauenvorsprünge von der Entwickelung der Stirnhöhle abhingen oder nicht, bat ich Sir Charles Lyell, mir von Dr. Fuhlrott, dem Besitzer des Schädels, Antworten auf gewisse Fragen und wo möglich einen Abguss oder jedenfalls Zeichnungen oder Photographien des Schädelinnern zu verschaffen.

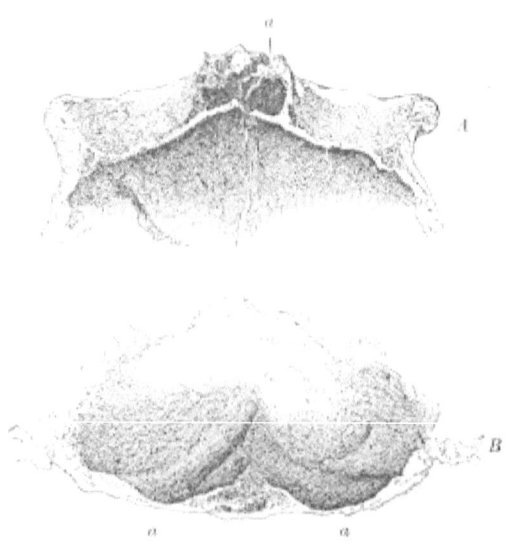

Fig. 26. Zeichnungen nach Dr. Fuhlrott's Photographien von inneren Theilen des Neanderthal-Schädels. A Ansicht der untern und innern Oberfläche der Stirngegend mit den unteren Mündungen der Stirnhöhle (*a*). B Entsprechende Ansicht der Hinterhauptsgegend des Schädels mit den Eindrücken der seitlichen Sinus (*aa*).

Dr. Fuhlrott antwortete mit einer Bereitwilligkeit und Freundlichkeit, für die ich ihm unendlich verbunden bin, auf meine Fragen und schickte ausserdem drei ausgezeichnete Photographien. Eine derselben stellt den Schädel von der Seite dar und nach ihr ist Fig. 25 A schattirt worden. Die zweite (Fig. 26 A) zeigt die weiten Mündungen der Stirnhöhlen auf der untern Fläche des Stirntheiles des Schädels, in welche, wie Dr. Fuhlrott schreibt, »eine Sonde einen Zoll tief eingebracht werden kann,« und erläutert die grosse Ausdehnung der Augenbrauenhöcker über die Schädelhöhle hinaus. Endlich die dritte (Fig. 26 B) stellt den Rand und das Innere des hintern oder Occipitaltheiles des Schädels dar und zeigt sehr deutlich die beiden Eindrücke für die seitlichen Sinus, die sich nach innen gegen die Mittellinie des Schädeldaches wenden, um den longitudinalen Sinus zu bilden. Es war daher klar, dass ich mich in meiner Erklärung nicht geirrt hatte und dass der hintere Lappen des Gehirns beim Neanderthal-Menschen so abgeplattet gewesen sein muss, wie ich es vermuthete.

In der That hat der Neanderthal-Schädel ganz ausserordentliche Charaktere. Seine grösste Länge beträgt 8 Zoll, die Breite dagegen nur 5,75 Zoll; oder mit anderen Worten, die Länge verhält sich zur Breite wie 100:72. Er ist ausnehmend flach, von der Glabello-Occipitallinie ist er bis zum Scheitel nur 3,4 Zoll hoch. Der Längenbogen beträgt, in derselben Weise wie beim Schädel von Engis gemessen, 12 Zoll; der quere Bogen kann wegen des Fehlens der Schläfenbeine nicht genau gemessen werden, betrug aber wohl ungefähr dasselbe, und sicher mehr als 10¼ Zoll. Der Horizontalumfang ist 23 Zoll. Dieser grosse Umfang rührt zu einem bedeutenden Theile von den Augenbrauenhöckern her, obgleich der Umfang der Gehirnkapsel selbst nicht klein ist. Die grossen Augenbrauenhöcker geben der Stirn einen viel mehr zurücktretenden Anschein, als sein innerer Umriss zeigen würde.

Für ein anatomisches Auge ist der hintere Schädeltheil selbst noch auffallender als der vordere. Der Hinterhauptshöcker nimmt das äusserste hintere Ende des Schädels ein, wenn die Glabello-Occipitallinie horizontal gestellt wird. Und anstatt dass irgend ein Theil der Hinterhauptsgegend über ihn hinausreiche, steigt diese Gegend schräg nach vorn und oben, so dass die Lambdanaht ganz auf der obern Fläche des Schädels liegt. Gleichzeitig ist trotz der grossen Länge des Schädels die Pfeilnaht merkwürdig kurz (4½ Zoll) und die Schuppennaht sehr gerade.

In Beantwortung meiner Fragen schreibt Dr. Fuhlrott, dass »das Hinterhauptsbein bis zur obern halbkreisförmigen Linie in einem Zustande vollkommener Erhaltung ist. Diese Linie ist eine sehr starke Leiste, linear an ihren Enden, aber nach der Mitte breit werdend und hier zwei Leisten bildend, welche durch eine lineare, in der Mitte eingedrückte Verlängerung verbunden werden.«

»Unter der linken Leiste zeigt der Knochen eine schräg geneigte Fläche, sechs (Pariser) Linien lang und zwölf breit.«

Dies muss die Fläche sein, deren Contour in Fig. 25 A, unterhalb *b*, angegeben ist. Sie ist besonders interessant, als sie uns trotz der flachen Beschaffenheit des Hinterhaupts vermuthen lässt, dass die hinteren Lappen des grossen Gehirns beträchtlich über das kleine Gehirn hinausgeragt haben müssen, und als sie einen unter mehreren Punkten darbietet, in denen eine Aehnlichkeit zwischen dem Neanderthal-Schädel und gewissen australischen Schädeln besteht.

———

Dergestalt sind die beiden bestgekannten Formen von Menschenschädeln, welche in einem ganz gut fossil zu nennenden Zustande gefunden worden sind. Lässt sich nun zeigen, dass einer von ihnen den anatomischen Abstand zwischen Menschen und menschenähnlichen Affen ausfüllt oder in einer merkbaren Weise verkleinert? Oder weicht dagegen keiner weiter von der mittleren Bildung des menschlichen Schädels ab, als man von normal gebauten menschlichen Schädeln der Jetztzeit weiss?

Man kann sich unmöglich über diese Frage irgend eine Meinung bilden, ohne vorher sich ungefähr mit dem

Umfange der vom menschlichen Bau im Allgemeinen dargebotenen Variationen bekannt gemacht zu haben. Dies ist aber ein nur unvollständig untersuchter Gegenstand; und die mir hier gesteckten Grenzen erlauben mir selbst von dem, was bekannt ist, nur eine sehr unvollkommene Skizze zu geben.

Wer sich mit Anatomie beschäftigt, weiss sehr wohl, dass es nicht ein einziges Organ des menschlichen Körpers giebt, dessen Bau nicht bei verschiedenen Individuen bedeutender oder geringer variire. Das Skelet variirt in den Proportionen, und in einer gewissen Ausdehnung selbst in den Verbindungen seiner Knochentheile. Die Muskeln, welche die Knochen bewegen, variiren bedeutend in ihren Ansätzen. Die Varietäten in der Verbreitungsweise der Arterien sind, wegen der praktischen Bedeutung der Kenntniss ihrer Veränderungen für den Wundarzt, sorgfältig classificirt worden. Die Charaktere des Gehirns variiren unendlich; nichts ist weniger constant als die Form und Grösse der Grosshirnhemisphären und der Reichthum der Windungen an ihrer Oberfläche. Die veränderlichsten Gebilde aber von allen am menschlichen Gehirn sind gerade diejenigen, welche man unkluger Weise als die unterscheidenden Merkmale des Menschen anzusehn versucht hat, nämlich das hintere Horn des Seitenventrikels, der Hippocampus minor und der Grad des Vorspringens der hinteren Lappen über das kleine Gehirn. Endlich weiss alle Welt, dass die Haut und das Haar bei Menschen die ausserordentlichsten Verschiedenheiten in Farbe und Textur darbieten können.

So weit unsere jetzige Kenntniss reicht, ist die Mehrzahl der hier angedeuteten anatomischen Varietäten individuell. Die affenähnliche Anordnung gewisser Muskeln, die man gelegentlich bei den weissen Menschenrassen findet[51], ist, so viel wir wissen, unter Negern und Australiern nicht gewöhnlicher. Ebenso wenig sind wir berechtigt, — weil man fand, dass das Gehirn der Hottentotten-Venus glätter war, symmetrischer angeordnete Windungen hatte und insoweit affenähnlicher war als das gewöhnliche europäische, — nun hieraus zu schliessen, dass eine ähnliche Bildung des Gehirns unter den niederen Menschenrassen allgemein vorherrsche, wie wahrscheinlich auch ein solcher Schluss sein mag.

In Bezug auf die Kenntniss von der Anordnung und Form der weichen und zerstörbaren Theile bei allen Menschenrassen ausser unserer eigenen sind wir allerdings traurig bestellt. In Bezug selbst auf das Skelet sind unsere Museen beklagenswerther Weise lückenhaft, mit Ausnahme des Schädels. Schädel giebt es genug; und seit Blumenbach und Camper zuerst die Aufmerksamkeit auf die ausgeprägten und sonderbaren Verschiedenheiten, die die Schädel darbieten, hinlenkten, ist Schädelsammeln und Schädelmessen ein eifrig betriebener Zweig der Naturgeschichte geworden. Seine Resultate sind von verschiedenen Schriftstellern zusammengestellt und classificirt worden, unter denen der verstorbene Retzius stets zuerst genannt werden muss.

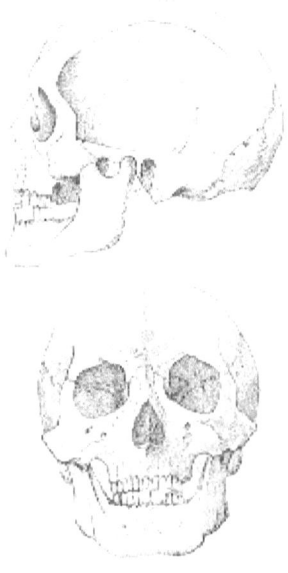

Fig. 27. Ansicht von der Seite und von vorn des runden und orthognathen Schädels eines Kalmucken, nach von Baer, ⅓ nat. Gr.

Man hat gefunden, dass die menschlichen Schädel nicht bloss in ihrer absoluten Grösse und in dem absoluten Inhalte ihrer Schädelkapsel von einander abweichen, sondern auch in den Verhältnissen, welche die Durchmesser der letzteren zu einander zeigen, in der relativen Grösse der Gesichtsknochen (besonders der Kiefer und Zähne) im Vergleich mit denen des Schädels, in dem Grade, in welchem der Oberkiefer (dem natürlich der untere folgt) unter den vordern Theil der Schädelkapsel nach hinten und unten, oder vor dieselbe nach vorn und oben rückt. Sie weichen ferner von einander ab in den Verhältnissen des queren Durchmessers des Gesichts, durch die Wangenbeine gemessen, zum queren Durchmesser des Schädels, in der mehr abgerundeten oder mehr giebelförmigen Gestalt des Schädeldaches und in dem Grade, bis zu welchem der hintere Theil des Schädels abgeflacht ist oder über die Leiste vorspringt, an und unter welcher sich die Nackenmuskeln ansetzen.

Bei manchen Schädeln kann man die eigentliche Schädelkapsel *rund* nennen, die grösste Länge verhält sich zur grössten Breite wie 100:80, zuweilen ist sogar der Unterschied noch geringer[52]. Menschen mit solchen Schädeln nennt Retzius »*brachycephalisch*«; der Schädel eines Kalmucken, von dem eine seitliche und vordere Ansicht in Von Baer's »Crania selecta« gegeben ist (hiernach die verkleinerten Umrissfiguren in Fig. 27), bietet ein ausgezeichnetes Beispiel dieser Schädelform dar. Andere Schädel, wie der in Fig. 28 nach Busk's »Crania typica« copirte Negerschädel, haben eine hiervon sehr verschiedene, bedeutend verlängerte Form und können *oblong* genannt werden. Bei diesem Schädel verhält sich die grösste Breite zur grössten Länge wie 67:100, und der Querdurchmesser kann selbst noch unter dies Verhältniss sinken. Leute mit solchen Schädeln nennt Retzius »*dolichocephalisch*«.

Fig. 28. Oblonger und prognather Schädel eines Negers; seitliche und vordere Ansicht. $\frac{1}{3}$ nat. Gr.

Selbst der flüchtigste Blick auf die Seitenansicht dieser beiden Schädel genügt zu dem Nachweis, dass sie noch in einer andern Hinsicht sehr auffallend differiren. Das Profil des Kalmuckengesichts ist fast senkrecht, die Gesichtsknochen treten abwärts unter den vordern Theil des Schädels. Das Profil des Negers dagegen ist merkwürdig geneigt, der vordere Theil der Kinnladen springt weit über das Niveau des vordern Theils des Schädels nach vorn vor. Im erstern Fall sagt man, der Schädel ist »*orthognath*« oder geradkiefrig; im letztern wird er »*prognath*« genannt, eine Bezeichnung, die mit mehr Kraft als Eleganz durch »schnauzig« wiedergegeben werden könnte.

Es sind verschiedene Methoden angegeben worden, um mit Genauigkeit den Grad des Prognathismus oder Orthognathismus eines gegebenen Schädels zu bestimmen; die meisten dieser Methoden sind wesentlich Modificationen der von Camper zur Bestimmung des sogenannten »Gesichtswinkels« angegebenen.

Eine kurze Betrachtung zeigt aber, dass alle angegebenen Gesichtswinkel nur in einer rohen und allgemeinen Weise die anatomischen Modificationen ausdrücken können, die beim Prognathismus und Orthognathismus auftreten. Denn die Linien, deren Durchschneidung der Gesichtswinkel bildet, sind durch Punkte am Schädel gezogen, deren Lage durch eine Anzahl von Umständen modificirt wird. Der so erhaltene Winkel ist daher das complicirte Resultat aller dieser Umstände und nicht der Ausdruck irgend einer organischen Beziehung der Schädeltheile zu einander.

Ich bin zu der Ueberzeugung gekommen, dass keine Vergleichung von Schädeln viel werth ist, welche nicht auf die Bestimmung einer verhältnissmässig fixirten Grundlinie zurückgeführt wird, auf welche in allen Fällen die Messungen bezogen werden müssen. Ich halte es auch für nicht sehr schwierig zu bestimmen, welches diese Grundlinie sein sollte. Die Theile des Schädels sind wie die übrigen Theile des thierischen Körpers nach einander entwickelt: die Schädelbasis wird eher gebildet als die Seiten und das Dach des Schädels; eher und vollständiger als die letzten wird sie in Knorpel verwandelt; und diese knorplige Basis ossificirt und verschmilzt in ein Stück lange vor dem Dache des Schädels. Ich bin daher der Ansicht, dass die Schädelbasis aus ihrer Entwickelung als der relativ fixirte Theil des Schädels nachzuweisen ist, während die Seiten und die Decke relativ beweglich sind.

Dasselbe zeigt sich als richtig bei einem Studium der Modificationen, welche der Schädel, von den niederen Thieren zu den höheren aufsteigend, erleidet.

Bei einem Säugethier wie dem Biber (Fig. 29) ist eine

durch die Basioccipital, hinteres und vorderes Keilbein genannten Knochen gezogene Linie (*ab*) sehr lang im Verhältniss zur grössten Länge der die Grosshirnhemisphären enthaltenden Höhle (*gh*). Die Ebene des Hinterhauptsloches (*bc*) bildet einen wenig spitzen Winkel mit dieser Schädelbasisaxe, während die Ebene des Tentorium (*iT*) gegen die Schädelbasisaxe um etwas mehr als 90° geneigt ist; ebenso die Siebplatte (*ad*), durch welche die Riechnervenfäden den Schädel verlassen. Ferner bildet eine durch die Gesichtsaxe, zwischen den Ethmoid und Pflugschar genannten Knochen gezogene Linie, die »Gesichtsbasisaxe« (*fe*), einen äusserst stumpfen Winkel mit der Schädelbasisaxe, wenn sie bis zum Durchschneiden dieser verlängert wird.

Wird der von den Linien *bc* und *ab* gebildete Winkel der »Hinterhauptswinkel«, der von den Linien *ad* mit *ab* gebildete der »Siebbeinwinkel«, und der von *iT* mit *ab* gebildete der »Hirnzeltwinkel« genannt, dann bilden alle diese bei dem in Rede stehenden Säugethiere nahezu rechte Winkel, sie schwanken zwischen 80 und 110°. Der Winkel *efb* oder der von der Schädelbasis mit der Gesichtsaxe gebildete, Schädelgesichtswinkel zu nennende, ist äusserst stumpf und beträgt beim Biber wenigstens 150°.

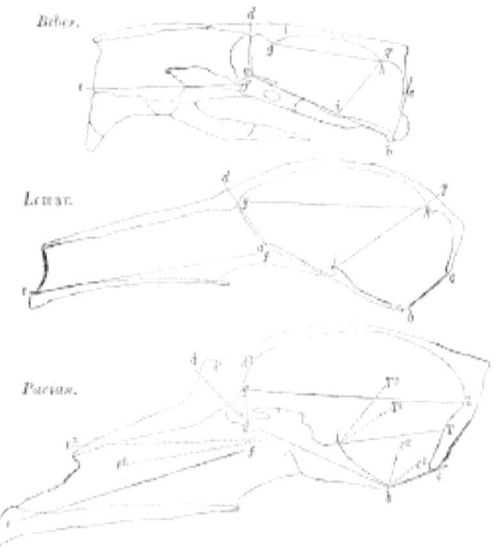

Fig. 29. Längen- und senkrechte Schnitte der Schädel eines Bibers (Castor canadensis), eines Lemur (L. catta) und eines Pavian (Cynocephalus Papio); *ab* Schädelbasisaxe; *bc* Hinterhauptsebene; *iT* Ebene des Tentorium; *ad* Siebbeinebene; *fe* Gesichtsbasisaxe; *cba* Hinterhauptswinkel; *Tia* Hirnzeltwinkel; *dab* Siebbeinwinkel; *efb* Schädelgesichtswinkel; *gh* grösste Länge der die Grosshirnhemisphären aufnehmenden Höhle oder »Grosshirnlänge«. Die Länge der Schädelbasisaxe zu dieser Länge, oder mit anderen Worten die relative Länge der Linie *gh* zu der Linie *ab*, diese gleich 100, ist in den drei Schädeln, wie folgt: Biber 70:100, Lemur 119:100, Pavian 144:100; bei einem erwachsenen Gorilla wie 170:100, beim Neger (Fig. 30) wie 236:100, bei dem Constantinopolitaner Schädel (Fig. 30) wie 266:100. Der Schädelunterschied zwischen den höchsten Affen und den

niedrigsten Menschen springt daher durch diese Messungen sehr in die Augen. — In der Zeichnung des Pavianschädels geben die punktirten Linien d^1 d^2 etc. die Winkel des Biber- und Lemurschädels auf die Schädelbasisaxe des Pavian übertragen an. Die Linie *ab* ist in allen drei Zeichnungen gleich lang.

Wird nun aber eine Reihe von Durchschnitten von Säugethierschädeln, in der Mitte zwischen einem Nager und dem Menschen stehend, untersucht ([Fig. 29](#)), so stellt sich heraus, dass bei den höheren Schädeln die Schädelbasisaxe im Verhältniss zur Grosshirnlänge kürzer wird, dass der Siebbeinwinkel und Hinterhauptswinkel stumpfer werden, und dass der Schädelgesichtswinkel gewissermaassen durch das Zurückbeugen der Gesichtsaxe auf die Schädelaxe spitzer wird. Gleichzeitig wird das Schädeldach mehr und mehr gewölbt, um das Zunehmen der Grosshirnhemisphären an Höhe zu gestatten, was vorzüglich charakteristisch für den Menschen ist, ebenso wie die Ausdehnung nach hinten über das kleine Gehirn hinaus, welche ihr Maximum in den südamerikanischen Affen erreicht. Beim menschlichen Schädel (Fig. 30) ist daher endlich die Grosshirnlänge zwischen zwei- und dreimal so gross als die der Schädelbasisaxe; der Siebbeinwinkel [20°](#) oder 30° nach der untern Seite letzterer Axe, der Hinterhauptswinkel statt kleiner als 90° zu sein, ist bis 150° oder 160° gross. Der Schädelgesichtswinkel kann 90° oder weniger sein und die verticale Höhe des Schädels kann verhältnissmässig zu seiner Länge gross sein.

Aus einer Betrachtung dieser Zeichnungen wird klar, dass die Schädelbasisaxe in der aufsteigenden Reihe der Säugethiere eine relativ fixirte Linie ist, um welche, wie man sich ausdrücken kann, die Knochen des Gesichts und der Seiten und Decke der Schädelhöhle sich nach unten und nach vorn oder hinten, je nach ihrer Lage, drehen. Der von einem Knochen oder einer Ebene beschriebene Bogen steht indess durchaus nicht immer im Verhältniss zu dem von einem andern beschriebenen Bogen.

Wir kommen nun zu der wichtigen Frage: können wir zwischen den niedrigsten und höchsten Formen menschlicher Schädel irgend etwas ausfindig machen, das, in was für einem geringen Grade auch immer, dieser Drehung der Seiten- und Deckenknochen des Schädels um die Schädelbasisaxe entspricht, die in so bedeutendem Maasse in der Säugethierreihe zu beobachten ist? Zahlreiche Beobachtungen führen mich zu der Ansicht, dass wir diese Frage bejahend beantworten müssen.

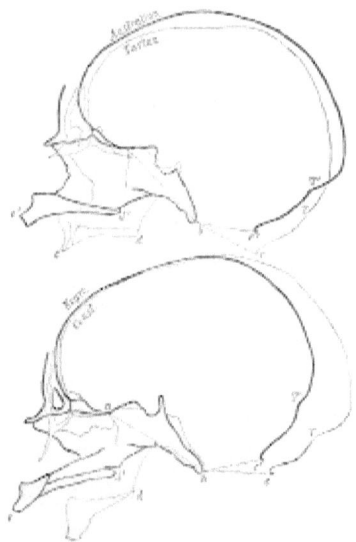

Fig. 30. Durchschnitte von orthognathen (dünne Contour) und prognathen (dunkle Contour) Schädeln, $\frac{1}{3}$ nat. Gr. *ab* Schädelbasisaxe, *bc, b'c'*, Ebene des Hinterhauptsloches,

dd′ hinteres Ende der Gaumenknochen, *ee′* **Vorderende des Oberkiefers,** *TT′* **Insertion des Tentorium.**

Die Zeichnungen in Fig. 30 sind verkleinert nach sehr sorgfältig gemachten Durchschnittszeichnungen von vier Schädeln, zwei runden und orthognathen und zwei langen und prognathen, im mittleren senkrechten Längsschnitte. Die Durchschnittszeichnungen sind aufeinander gelegt worden, so, dass die Basalaxen der Schädel mit ihren vorderen Enden und in ihrer Richtung und Lage zusammenfallen. Die Abweichungen der übrigen Contouren (die nur das Innere des Schädels darstellen) zeigen die Verschiedenheiten der Schädel von einander, wenn jene Axen als relativ fixirte Linien betrachtet werden.

Die dunklen Contouren sind die eines Australiers und eines Negers, die dünneren die eines Tatarenschädels, im Museum des Königl. Collegiums der Wundärzte, und eines gut entwickelten runden Schädels, von einem Begräbnissplatze in Constantinopel, unbestimmter Rasse, der in meinem Besitze sich befindet.

Es wird hieraus sofort klar, dass die prognathen Schädel, was ihre Kinnladen betrifft, von den orthognathen wirklich in derselben Weise abweichen, wenn auch in einem viel geringern Grade, in welcher die Schädel niederer Säugethiere von dem des Menschen verschieden sind. Es bildet ferner die Ebene des Hinterhauptsloches (*bc*) mit der Axe in diesen besonders prognathen Schädeln einen etwas kleinern Winkel als in den orthognathen. Dasselbe wird auch ziemlich von der durchbohrten Siebbeinplatte gelten, obschon dies nicht so deutlich ist. Es ist aber sonderbar, dass in einer andern Beziehung die prognathen Schädel weniger affenähnlich sind als die orthognathen, da in den prognathen Schädeln die Gehirnhöhle entschieden weiter nach vorn vor das vordere Ende der Axe vorspringt, als in den orthognathen.

Man sieht, dass diese Zeichnungen nachweisen, wie ausserordentlich gross der Umfang ist, in dem der Rauminhalt der verschiedenen Gegenden der das Gehirn enthaltenden Höhle und ihr relatives Verhältniss zur Schädelaxe bei verschiedenen Schädeln variirt. Ebenso merkwürdig ist die Verschiedenheit der Ausdehnung, in welcher die Grosshirnhöhle die Höhle für das kleine Gehirn überragt. Ein runder Schädel (Fig. 30, Const.) kann ein stärker nach hinten vorspringendes grosses Gehirn haben, als ein langer (Fig. 30, Neger).

So lange bis nicht menschliche Schädel in ausgedehnter Weise nach einer der hier vorgeschlagenen ähnlichen Weise bearbeitet worden sind, so lange bis es nicht für eine ethnologische Sammlung eine Schande ist, einen einzigen nicht senkrecht und längsweise aufgeschnittenen Schädel zu besitzen, so lange bis die hier erwähnten Winkel und Maasse, mit anderen hier nicht berührten, bestimmt und für eine grosse Zahl von Schädeln verschiedener Rassen von Menschen mit Rücksicht auf die Schädelbasisaxe als Einheit tabellarisch zusammengestellt sind, — so lange glaube ich nicht, dass wir irgend eine sichere Grundlage für jene ethnologische Craniologie besitzen, welche danach strebt, die anatomischen Charaktere der Schädel der verschiedenen Menschenrassen zu geben.

Für jetzt glaube ich, dass die allgemeinen Umrisse dessen, was mit Sicherheit über diesen Gegenstand angegeben werden kann, in wenig Worte zusammenzufassen sind. Man ziehe auf einem Globus eine Linie von der Goldküste in Westafrika zu den Steppen der Tatarei. Am südlichen und westlichen Ende dieser Linie leben die meisten dolichocephalen, prognathen, kraushaarigen, dunkelhäutigen Menschen, die wahren Neger. Am nördlichen und östlichen Ende derselben Linie leben die meisten brachycephalen, orthognathen, schlichthaarigen, gelbhäutigen Menschen, die Tataren und Kalmucken. Die beiden Enden dieser Linie sind in der That, so zu sagen, ethnologische Antipoden. Eine unter rechtem oder beinahe rechtem Winkel auf diese polare Linie durch Europa und Südasien bis Indien gezogene Linie würde uns eine Art Aequator geben, um welchen rundköpfige, oval- und oblong-köpfige, prognathe und orthognathe, helle und dunkle Rassen sich gruppiren, aber keine mit den so ausserordentlich ausgeprägten Charakteren des Kalmucken oder Negers.

Es ist bemerkenswerth, dass die Gegenden der antipoden Rassen auch dem Klima nach antipod sind. Der grösste Contrast, den die Erde darbietet, findet sich zwischen den feuchten, heissen, dampfenden alluvialen Küstenebenen der Westküste von Afrika und den trockenen hochliegenden Steppen und Plateaus Central-Asiens, die im Winter bitter kalt und so weit vom Meere entfernt sind, als es nur ein Theil der Erde sein kann.

Von Central-Asien aus nach Osten, einerseits bis zu den Inseln und Subcontinenten der Südsee andererseits bis nach Amerika, nimmt die Brachycephalie und der Orthognathismus allmählich ab, um von Dolichocephalie und Prognathismus ersetzt zu werden. Dies findet jedoch weniger auf dem amerikanischen Festlande statt (durch dessen ganze Länge ein runder Schädeltypus bedeutend, aber nicht ausschliesslich vorherrscht[53], als in den Südseegegenden, wo zuletzt auf dem australischen Festlande und den umliegenden Inseln der lange Schädel, die vorstehenden Kinnladen und die dunkle Haut wiedererscheint, aber mit so grossen Abweichungen in anderer Hinsicht vom Negertypus, dass die Ethnologen diesem Volke den besondern Namen der »Negritos« geben.

Der australische Schädel ist merkwürdig wegen seiner Schmalheit und der Dicke seiner Wandungen, besonders in der Gegend der Augenbrauenbogen, welche häufig, aber durchaus nicht constant, durchweg solid, die Stirnhöhlen dagegen unentwickelt bleiben. Die Nasaldepression ist ferner sehr plötzlich, so dass die Brauen überhängen und dem Gesicht einen besonders finstern, schreckenden Ausdruck geben. Auch wird die Hinterhauptsgegend nicht selten weniger vorspringend, so dass sie nicht nur nicht über eine senkrechte Linie hinausreicht, die man auf dem hintern Ende der Glabello-Occipital-Linie errichtet, sondern in manchen Fällen selbst von ihr aus beinahe unmittelbar nach vorn sich abzuflachen beginnt.

In Folge dieses Umstandes machen die Theile ober- und unterhalb des Hinterhaupthöckers einen viel spitzeren Winkel mit einander als gewöhnlich, wodurch der hintere Theil des Schädels schräg abgestutzt erscheint. Viele australische Schädel haben eine beträchtliche Höhe, völlig der mittlern Höhe bei anderen Rassen gleich; es giebt aber andere, bei denen die Schädeldecke merkwürdig deprimirt wird, wobei sich der Schädel gleichzeitig so verlängert, dass sein Rauminhalt wahrscheinlich nicht vermindert ist. Die Mehrzahl der Schädel, welche diese Eigenthümlichkeiten aufweisen, und die ich gesehen habe, waren aus der Umgebung von Port Adelaide in Südaustralien und wurden von den Eingebornen als Wassergefässe benutzt. Zu diesem Ende war das Gesicht weggebrochen und ein Faden durch diese Höhlung und das Hinterhauptsloch gezogen, so dass der Schädel am grössern Theile seiner Basis aufgehängt war.

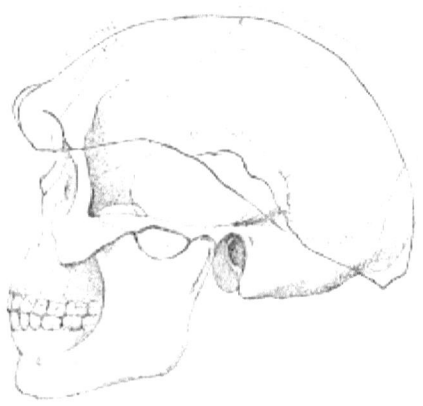

Fig. 31. Ein australischer Schädel von Western Port im Museum des Royal College of Surgeons mit den Umrissen des Neanderthal-Schädels. Beides auf $\frac{1}{3}$ nat. Gr. verkleinert.

Fig. 31 giebt den Umriss eines Schädels dieser Art von Western Port mit anhängenden Kiefern und die Contouren des Neanderthal-Schädels, beides auf ein Drittheil der natürlichen Grösse reducirt. Eine geringe Zunahme in der Abflachung und Verlängerung mit einer entsprechenden Verdickung des Augenbrauenhöckers würde die australische Gehirnkapsel in eine mit dem aberranten Fossil identische Form verwandeln.

Kehren wir nun zu den fossilen Schädeln und zu der Stelle zurück, die sie unter den existirenden Varietäten der Schädelbildung oder jenseits derselben einnehmen. An erster Stelle muss ich bemerken, dass wir, wie Schmerling bei Betrachtung des Schädels von Engis richtig hervorhebt, bei der Bildung eines Urtheils durch die Abwesenheit der Kinnladen von beiden Schädeln sehr gehindert werden, so dass wir kein Mittel haben zu entscheiden, ob sie mehr oder weniger prognath waren, als die niedrigeren jetzt existirenden Menschenrassen. Und doch haben wir gesehen, dass die menschlichen Schädel, in dieser Hinsicht mehr als in irgend einer andern, in ihrer Annäherung an eine thierische Form oder Entfernung von einer solchen schwanken; die Schädelkapsel eines mittlern dolichocephalen Europäers weicht viel weniger von der eines Negers z. B. ab, als es die Kinnladen thun. Bei dem Fehlen der Kinnladen muss daher jedes Urtheil über die Beziehungen der fossilen Schädel zu jetzt existirenden Rassen mit einem gewissen Rückhalt angenommen werden.

Nehmen wir aber den Thatbestand, wie er ist, und wenden wir uns zuerst zu dem Schädel von Engis, so muss ich bekennen, dass ich kein Merkmal finden kann an den Ueberresten jenes Schädels, welches einen zuverlässigen Schlüssel darböte zur Ermittelung der Rasse, zu der er gehören könnte. Seine Umrisse und Maasse stimmen ganz gut mit denen mehrerer australischen Schädel überein, die ich untersucht habe, und besonders hat er eine Neigung zu jener Abflachung des Hinterhaupts, auf deren grosse Ausdehnung ich bei manchen australischen Schädeln hingewiesen habe. Aber nicht alle australischen Schädel zeigen diese Abplattung und der Augenbrauenhöcker ist dem der typischen Australier völlig unähnlich.

Auf der andern Seite stimmen seine Maasse gleich gut mit denen mancher europäischen Schädel. Und sicherlich ist an keinem Theil seines Baues ein Zeichen von Degradation bemerkbar. Er ist in der That ein guter mittlerer menschlicher Schädel, der einem Philosophen angehört oder das Gehirn eines gedankenlosen Wilden enthalten haben kann.

Der Fall mit dem Neanderthal-Schädel ist sehr verschieden. Von welcher Seite wir auch diesen Schädel betrachten, mögen wir seine verticale Abplattung, die enorme Dicke seiner Augenbrauenhöcker, sein schräges

Hinterhaupt oder seine lange und gerade Schuppennaht berücksichtigen, wir stossen auf affenähnliche Charaktere, wodurch er zu dem affenähnlichsten menschlichen Schädel wird, der bis jetzt entdeckt ist. Professor Schaaffhausen giebt aber an (s. oben S. 148), dass der Schädel in seinem jetzigen Zustand 1033,24 Cubikcentim. Wasser oder ungefähr 63 Cubikzoll enthalte, und da der vollständige kaum weniger als 12 Cubikzoll mehr enthalten haben kann, so kann sein Rauminhalt auf ungefähr 75 Cubikzoll geschätzt werden, was die von Morton für Polynesische und Hottentotten-Schädel gegebene mittlere Capacität ist.

Eine so grosse Gehirnmasse, wie diese, würde schon allein die Vermuthung veranlassen, dass die affenähnlichen Beziehungen, die dieser Schädel andeutet, nicht tief in die Organisation eingedrungen sind. Diese Folgerung wird durch die Maasse der übrigen von Professor Schaaffhausen gemessenen Skelettheile gerechtfertigt, welche nachweisen, dass die absolute Höhe und relativen Verhältnisse der Gliedmaassen durchaus die eines mittelgrossen Europäers waren. Die Knochen sind allerdings dicker, dies ist aber, ebenso wie die starke Entwickelung von Muskelleisten, bei Wilden zu erwarten. Die Patagonier, die ohne Schutz und Obdach einem Klima ausgesetzt sind, das möglicher Weise nicht sehr von dem abweicht, was zur Zeit, wo der Neanderthal-Mann lebte, in Europa herrschte, sind ausgezeichnet durch die Dicke ihrer Extremitätenknochen.

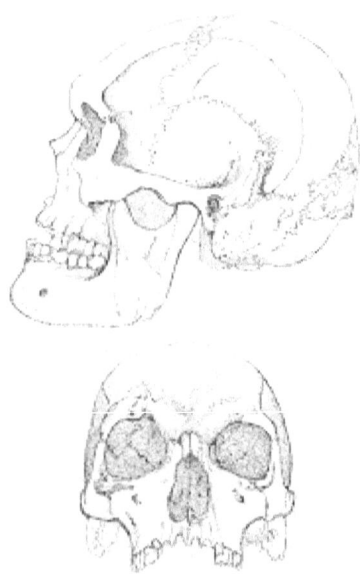

Fig. 32. Alter dänischer Schädel aus einem Grabhügel bei Borreby; $\frac{1}{3}$ nat. Gr. Nach einer Camera lucida-Zeichnung von G. Busk.

In keiner Weise können daher die Neanderthal-Knochen als die Ueberreste eines zwischen Affe und Mensch in der Mitte stehenden menschlichen Wesens angesehen werden. Höchstens beweisen sie die Existenz eines Menschen, dessen Schädel in etwas nach dem Affentypus zurückgeht, — ebenso wie eine Brieftaube, Pfauentaube oder Purzeltaube zuweilen das Gefieder des ursprünglichen Stammes der *Columba livia* anlegt. Und wenn auch der Neanderthal-Schädel der affenähnlichste aller bekannten menschlichen Schädel ist, so ist er doch keineswegs so isolirt, wie es anfänglich scheint, sondern bildet nur den äussersten Ausdruck einer allmählich von ihm aus zum höchsten und best entwickelten menschlichen Schädel führenden Reihe. Auf der einen Seite nähert er sich bedeutend den platten australischen Schädeln, von denen ich gesprochen habe, und von denen andere australische Formen allmählich zu Schädeln führen, die vielmehr den Typus des Schädels von Engis haben. Auf der andern Seite ist er selbst noch näher den Schädeln gewisser alter Stämme verwandt, welche Dänemark während der »Steinperiode« bewohnten und entweder Zeitgenossen oder Nachfolger der Leute waren, denen die Abraumhaufen oder »Kjökkenmöddings« jenes Landes ihre Entstehung verdanken.

Der Längenumriss des Neanderthal-Schädels und einiger Schädel aus den Grabhügeln von Borreby, von denen Mr. Busk sehr genaue Zeichnungen gemacht hat, entsprechen sich sehr nahe. Das Hinterhaupt tritt ebenso zurück, die Augenbrauenhöcker sind beinahe ebenso vorstehend und der Schädel ebenso niedrig. Der Borreby-Schädel gleicht ferner dem Neanderthal-Schädel, noch mehr als irgend ein australischer Schädel es thut, in dem viel rapideren Zurücktreten der Stirn. Auf der andern Seite sind die Borreby-Schädel etwas breiter im Verhältniss zu ihrer Länge, als die Neanderthal-Schädel, während manche jenes Verhältniss der Breite zur Länge erreichen (80:100), was die Brachycephalie charakterisirt.

Zum Schluss kann ich wohl sagen, dass die bis jetzt entdeckten fossilen Ueberreste von Menschen uns, wie mir scheint, jener pithecoiden Form nicht merkbar näher führen, durch deren Modifikation der Mensch vermuthlich das, was er ist, geworden ist. Ueberblicken wir das, was wir bis jetzt über die ältesten Menschenrassen wissen; sehen wir, dass sie Flintäxte und Flintmesser und knöcherne Spiesse fast von derselben Form fabricirten, wie die niedrigsten Wilden der Jetztzeit, und dass wir allen Grund zu glauben haben, dass die Gewohnheiten und die Lebensweise solcher Völker von der Zeit des Mammuth und des tichorhinen Rhinoceros an bis heute dieselben geblieben sind, so könnte ich nicht sagen, dass dies Resultat anders sei, als zu erwarten gewesen war.

Wo müssen wir denn nun aber nach dem »Urmenschen« suchen? War der älteste *Homo sapiens* pliocen oder miocen oder noch älter? Warten in noch älteren Schichten die fossilisirten Knochen eines Affen, mehr menschenähnlich, oder eines Menschen, mehr affenähnlich, als alle jetzt bekannten, auf die Untersuchungen noch nicht geborener Palaeontologen?

Die Zeit wird es lehren. Wenn aber eine Theorie der progressiven Entwickelung in irgend welcher Form richtig ist, dann müssen wir inzwischen die in Bezug auf das Alter der Menschheit gemachte reichlichste Schätzung um lange Zeiträume noch verlängern.

www.ingramcontent.com/pod-product-compliance
Lightning Source LLC
Chambersburg PA
CBHW021730220426
43662CB00008B/789